图解·一学就会系列

图解西门子 PLC 编程速成宝典：
提高篇

张生琪　编著

机械工业出版社

本书通过图文介绍了西门子 SIMATIC S7-1200 PLC 的软件安装、硬件接线、指令系统和编程软件的使用技巧，TIA Portal 软件应用、指令和功能块以及程序架构的使用方法，PLC之间、PLC 与变频器、PLC 与 V90 伺服、PLC 与组态软件之间的通信编程、调试和在线仿真的方法，并介绍了运动控制工艺对象、高速计数器的各种用法，以及常用的 Modbus 通信、S7 通信和开放式通信编程方法。

本书可供自动控制工程师、PLC 工程师、硬件电路工程师及 PLC 维护人员，以及高等院校电气自动化、机械电子工程等相关专业师生参考。

图书在版编目（CIP）数据

图解西门子PLC编程速成宝典：提高篇/张生琪编著. —北京：机械工业出版社，2022.1

（图解·一学就会系列）

ISBN 978-7-111-69952-1

Ⅰ．①图… Ⅱ．①张… Ⅲ．①PLC技术—程序设计—图解

Ⅳ．①TM571.61-64

中国版本图书馆CIP数据核字（2021）第266418号

机械工业出版社（北京市百万庄大街22号　邮政编码100037）

策划编辑：周国萍　　　责任编辑：周国萍　安桂芳

责任校对：史静怡　　　封面设计：陈　沛

责任印制：张　博

北京玥实印刷有限公司印刷

2022年3月第1版第1次印刷

184mm×260mm·11.75印张·283千字

0 001—2 500册

标准书号：ISBN 978-7-111-69952-1

定价：55.00元

电话服务　　　　　　　　　网络服务

客服电话：010-88361066　　机 工 官 网：www.cmpbook.com

　　　　　010-88379833　　机 工 官 博：weibo.com/cmp1952

　　　　　010-68326294　　金 书 网：www.golden-book.com

封底无防伪标均为盗版　　机工教育服务网：www.cmpedu.com

前　　言

本人编写的《图解西门子 PLC 编程速成宝典：入门篇》详细介绍了西门子 S7-200 SMART PLC 的编程知识和技能。作为提高篇，本书以西门子 SIMATIC S7-1200 PLC（以下简称 SIMATIC S7-1200）为讲授对象，以其硬件结构、指令系统为基础，以熟悉软件应用、学会编程设计为最终目的。内容循序渐进、系统全面，以便读者夯实基础、提高水平，最终达到从工程角度灵活运用的目的。本书具有以下特色：

1. 图文并茂、图解指令、列举应用，可为读者提供系统的可借鉴的编程方法，解决编程无从下手和如何选择编程指令的难题。

2. 以西门子 SIMATIC S7-1200 硬件结构、V90 伺服 PN 工艺对象、模拟量等为基础，解析指令与应用，为读者打好 SIMATIC S7-1200 编程的基础。

3. 语言通俗易懂，以实际操作为主，使读者少走弯路。

全书共 14 章，主要包括以下内容：

第 1 章　SIMATIC S7-1200 的硬件结构系统，包括 SIMATIC S7-1200 面板介绍以及 SIMATIC S7-1200 与 SIMATIC S7-200 SMART 的区别。

第 2 章　SIMATIC S7-1200 的软件及项目配置，包括 TIA 软件要求和硬件要求、TIA 软件对计算机系统硬件要求、软件和仿真器的安装。

第 3 章　TIA 项目的配置及软件应用，包括 STEP 7 TIA Portal 软件的应用及简易程序的编写。

第 4 章　SIMATIC S7-1200 基本指令，包括位逻辑指令，定时器、计数器指令，比较转换指令，移动指令和数学函数。

第 5 章　SIMATIC S7-1200 程序架构，包括程序结构、组织块与事件。

第 6 章　SIMATIC S7-1200 模拟量，包括模拟量的设置与采集。

第 7 章　SIMATIC S7-1200 高速计数器，包括高速计数器的作用、模式选择、计数功能应用、硬件同步功能的应用、软件同步功能的应用、门功能的应用、捕获功能的应用等。

第 8 章　SIMATIC S7-1200 控制步进电动机，主要包括选型、接线和硬件组态。

第 9 章　SIMATIC S7-1200 运动控制工艺对象，包括步进电动机工艺对象和运动控制指令。

第 10 章　SINAMICS V90 伺服 PN 控制，主要包括 SINAMICS V90 伺服通过 PROFINET 与 SIMATIC S7-1200 建立连接及工艺对象设置。

第 11 章　SIMATIC S7-1200 开放式通信，包括软件配置和硬件配置。

第 12 章　SIMATIC S7-1200 以太网通信，主要包括 SIMATIC S7-1200 和 SIMATIC S7-200 SMART 的以太网 S7 通信硬件、软件设置和 Modbus 通信。

第 13 章　PID 控制器，主要包括 SIMATIC S7-1200 PID 指令和 PID Compact 组态步骤和基本设置。

第 14 章　SIMATIC S7-1200 触摸屏组态与仿真，主要包括触摸屏组态和 PLC 程序编写。

　　本书的附录中列出了 SIMATIC S7-1200 主机以及模块的选型。

　　本书可供自动控制工程师、PLC 工程师、硬件电路工程师及 PLC 维护人员，以及高等院校、电气自动化、机械电子工程等相关专业师生参考。

　　本书中的一些截屏图，为突出显示内容而部分截取软件界面，或有使用"自创"字的情况，不影响读者对照软件学习操作，对此未做修改。

　　由于编著者知识水平和经验的局限性，书中难免有错漏之处，敬请广大读者批评指正。

编著者

目　　录

第 8 章　SIMATIC S7-1200 控制步进电动机 115

8.1　SIMATIC S7-1200 控制步进电动机简介及其作用 115

8.2　SIMATIC S7-1200 选型及接线 116

8.3　SIMATIC S7-1200 硬件组态 117

第 9 章　SIMATIC S7-1200 运动控制工艺对象 119

9.1　SIMATIC S7-1200 步进电动机工艺对象 119

9.2　SIMATIC S7-1200 运动控制指令 126

9.3　常见功能所用编程指令 132

第 10 章　SINAMICS V90 伺服 PN 控制 137

10.1　SINAMICS V90 伺服驱动简介 137

10.2　SINAMICS V90 通过 PROFINET 与 SIMATIC S7-1200 建立连接 137

10.3　SINAMICS V90 通过 PROFINET 与 SIMATIC S7-1200 工艺对象连接设置 142

第 11 章　SIMATIC S7-1200 开放式通信 146

11.1　SIMATIC S7-1200 开放式通信硬件配置 146

11.2　SIMATIC S7-1200 开放式通信软件配置 148

第 12 章　SIMATIC S7-1200 以太网通信 154

12.1　SIMATIC S7-1200 以太网 154

12.2　SIMATIC S7-1200 和 SIMATIC S7-200 SMART 的以太网 S7 通信硬件设置 155

12.3　SIMATIC S7-1200 和 SIMATIC S7-200 SMART 的以太网 S7 通信软件设置 159

12.4　SIMATIC S7-1200 和 SIMATIC S7-200 SMART 的 Modbus 通信 161

第 13 章　PID 控制 168

13.1　PID 功能概述 168

13.2　SIMATIC S7-1200 PID 指令 168

13.3　SIMATIC S7-1200 PID Compact 组态步骤 169

13.4　SIMATIC S7-1200 PID Compact 组态基本设置 171

第 14 章　SIMATIC S7-1200 触摸屏组态与仿真 176

14.1　SIMATIC S7-1200 触摸屏组态 176

14.2　SIMATIC S7-1200 触摸屏和 PLC 程序编写 177

附录　SIMATIC S7-1200 模块订货号及含义 180

第1章 SIMATIC S7-1200 的硬件结构系统

1.1 SIMATIC S7-1200 概述

　　SIMATIC S7-1200 是西门子公司新推出的一款面向离散自动系统和独立自动化系统的紧凑型、模块化的 PLC，可完成简单逻辑控制、高级逻辑控制、人机交互（HMI）和网络通信等任务，如图 1-1 所示。

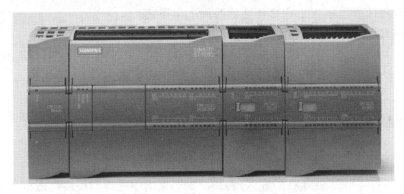

图　1-1

1. SIMATIC S7-1200 的产品定位

　　SIMATIC S7-1200 的产品定位处于原有 SIMATIC S7-200 和 SIMATIC S7-300 之间，如图 1-2 所示，是紧凑型自动化产品的新成员。SIMATIC S7-1200 具有 SIMATIC S7-200 的所有功能，并在此基础上增加了更多新功能，可以满足更广泛的应用要求。

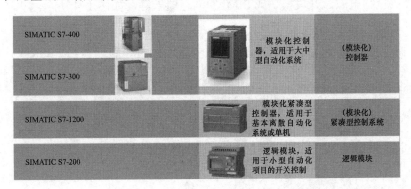

图　1-2

2. SIMATIC S7-1200 的功能特点

　　1）模块化紧凑型控制器，用于需要逻辑控制、HMI 和网络连接等简单、可扩展的自动化系统中。

2）性价比优良的 TIA（西门子公司推出的全集成自动化软件）产品，完美应用在单机和联机自动化方案中，可方便地集成在复杂的网络系统中，或是集成在需要一个或多个 HMI 的系统中。

3）可自动识别项目中多个 HMI 与多个控制器之间的对应关系，不需要使用多个项目分开保存各个用户程序，整个系统可保存在一个项目中。

4）集成 PROFINET 和 Ethernet 端口，不需要额外的专用编程电缆和以太网扩展模块。

5）模块化的信号板和集成的数字量 I/O、模拟量 I/O 和运动控制 I/O。

6）PROFINET 接口可连 I/O、HMI、伺服驱动和其他 PROFINET 现场设备。

7）支持多种通信协议，PROFINET、PROFIBUS、CANopen、Modbus TCP、TCP/IP、RS485、RS232、RS422、USS、Modbus RTU。

8）集成 6 路高速计数器有内部方向控制单相计数器、外部方向控制单向计数器、两个时钟输入的双向计数器和 A/B 正交计数器四种工作模式。

9）自带 PID 自整定控制器参数功能和 PID 调试界面。

10）步进电动机或伺服电动机高速脉冲 PTO 控制接口多达 4 路，用 PROFINET 和 PROFIBUS 驱动伺服器和变频器的接口多达 8 路，最高为 16 路。

1.2　SIMATIC S7-1200 面板介绍

1. SIMATIC S7-1200 的硬件组成

SIMATIC S7-1200 是 SIMATIC S7 可编程控制器系列中的新型模块化微型 PLC，如图 1-3 所示。其硬件组成为信号模块（SM）、信号板（SB）、CPU、I/O 端子连接器、PROFINET 接口、通信模块（CM）及附件，用于编程设备、HMI 或其他 SIMATIC 控制器之间的通信。

1）信号板（SB）：可直接插入控制器（保持 CPU 原有空间）。

2）信号模块（SM）：用于扩展控制器数字量或模拟量输入和输出通道。

3）通信模块（CM）：用于扩展控制器通信接口。

4）附件：包括电源、开关模块或 SIMATIC 存储卡等，如图 1-4 所示。

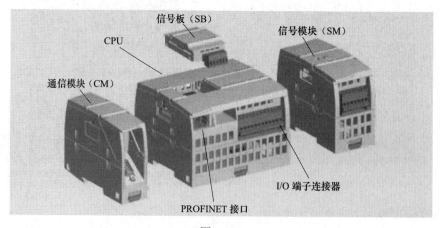

图　1-3

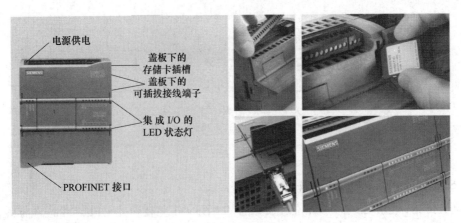

图　1-4

2. SIMATIC S7-1200 的产品成员

SIMATIC S7-1200 作为紧凑型自动化产品新成员，目前已有 5 款 CPU，分别是 1211C、1212C、1214C、1215C 和 1217C，如图 1-5 所示。

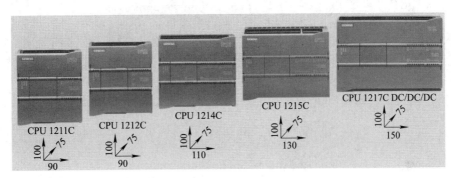

图　1-5

3. SIMATIC S7-1200 的产品类型

根据电源和输入输出信号的不同，除 1217C 以外每款 CPU 分别有 3 个不同的型号。

1）DC/DC/DC：工作电源 DC 24V/ 直流输入 / 晶体管输出。

2）AC/DC/RLY：工作电源 AC 85 ～ 264 V/ 直流输入 / 继电器输出。

3）DC/DC/RLY：工作电源 DC 24V/ 直流输入 / 继电器输出。

4. SIMATIC S7-1200 的模块扩展能力

SIMATIC S7-1200 的模块扩展如图 1-6 所示，CPU 1214C/1215C/1217C 最多允许连接 8 个 I/O 模块，且连接在 CPU 右侧；CPU 1212C 最多允许连接 2 个 I/O 模块；CPU 1211C 无法连接 I/O 模块。所有的 CPU 都可以安装一个信号板（SB），通过信号板（SB）可以添加少量的数字量或模拟量 I/O 或 RS485 通信板，信号板（SB）不占用信号模块（SM）的位置，不会增加安装的空间。通信模块（CM）和通信处理器（CP）可以增加 CPU 的通信接口，如 PROFIBUS 或 RS232/RS485 的连接，CPU 最多支持 3 个通信模块（CM）或通信处理器（CP），其连接在 CPU 的左侧，CPU 还可以通过 PROFINET 和 PROFIBUS 扩展分布式 I/O。

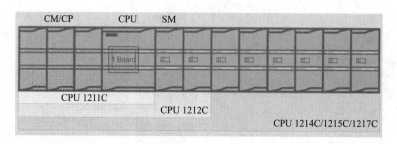

图　1-6

5. SIMATIC S7-1200 的模块安装位置

SIMATIC S7-1200 的模块安装位置如图 1-7 所示，1 号槽位为 CPU，中间图框为信号板（SB），其安装位置如图 1-8 所示；左边图框内有 101 ～ 103 三个槽位，为通信模块（CM）安装位置；右边图框内有 2、3、4 以及向后槽位，为信号模块（SM）安装位置。

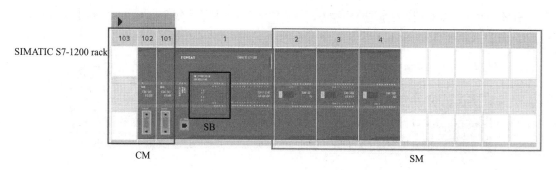

图　1-7

图　1-8

6. 常用的信号模块（SM）及接线

SM 1221 数字量输入模块、SM 1222 数字量输出模块、SM 1223 数字量输入 / 输出模块、SM 1231 模拟量输入模块、SM 1234 模拟量输入 / 输出模块、SM 1232 模拟量输出模块，如图 1-9 所示。图中，DI 表示数字量输入，DQ 表示数字量输出，AI 表示模拟量输入，AQ 表示模拟量输出，DC 表示晶体管输出，RLY 表示继电器输出，TC 表示热电偶类型，RTD 表示热电阻类型。

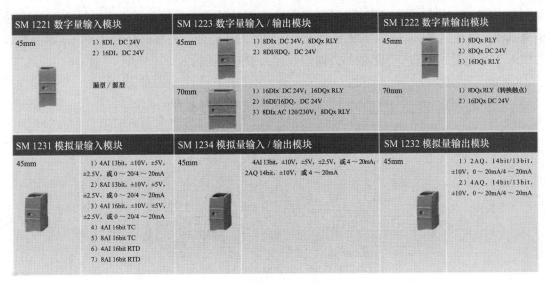

图　1-9

7. 常用的数字量模拟量模块的接线

1）数字量输入端 NPN 和 PNP 的接线如图 1-10 所示。PNP 的 1M 公共端接负极，NPN 的 1M 公共端接正极。

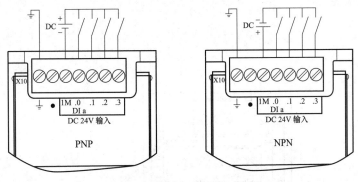

图　1-10

2）数字量输出端继电器和晶体管的接线如图 1-11 所示。继电器输出类型的 PLC 输出为 220V，晶体管输出类型的 PLC 输出为 24V。

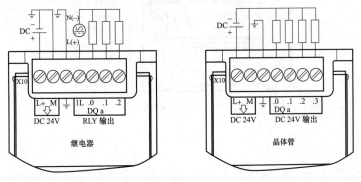

图　1-11

3）模拟量输入接线如图 1-12 所示。对于两线制的模拟量信号，需要串一个 24V 电源信号到模拟量变送器，然后接入模拟量输入模块；对于四线制的模拟量信号，变送器需要单独接入 24V 电源，然后变送器的另外两根线接入模拟量的输入。

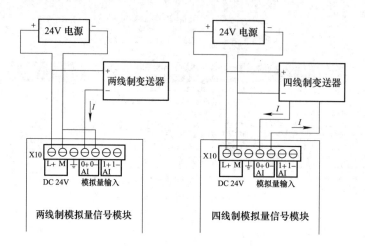

图 1-12

4）温度专用 RTD 模块的接线如图 1-13 所示。其中，温度探头分为两线制探头、三线制探头、四线制探头三种。

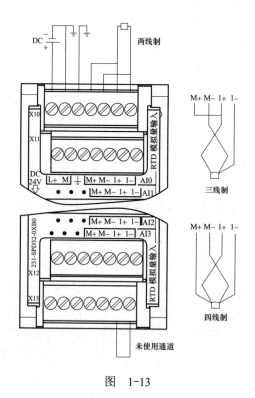

图 1-13

5）温度专用 TC 模块的接线如图 1-14 所示。通常热电偶都是两线制接线。

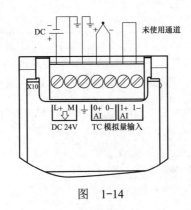

图　1-14

8. CPU 及模块选择

CPU 及模块的选择如图 1-15 所示。

模块类型	PLC 系列	CPU 及各个模块型号
CPU: 中央处理器 SM: 信号模块 CM/CP/CB: 通信模块、板 SB: 信号板 BB: 电池板 TS: 远程模块 PM: 电源模块 SIM: 仿真模块 CSM: 交换机模块 MC: 存储卡	12: 1200	0: 电源模块 1: CPU 模块 2: 数字量模块 3: 模拟量模块 4: 通信模块 7: I/OLINK、交换机、仿真器

图　1-15

1.3　SIMATIC S7-1200 与 SIMATIC S7-200 SMART 的区别

SIMATIC S7-1200 与 SIMATIC S7-200 SMART 除了在硬件上有区别，在软件上也有很大的区别，不管是逻辑还是指令块的调用，都存在差异。

1）硬件区别。SIMATIC S7-200 SMART 最多可以扩展 6 个模块和 1 个信号板，而 SIMATIC S7-1200 可以扩展 8 个信号模块和最多 3 个通信模块，另外同样支持 1 个信号板。SIMATIC S7-200 SMART 的地址由系统自动分配（如 I0.0 等），无法修改，如图 1-16 所示。而 SIMATIC S7-1200 的地址可以自由修改，范围是 0 ~ 1023，一共 1024 个字节，起始地址最高可以写 1023，如图 1-17 所示。如果 PLC 的输入点不超过 8 个，就够用；如果超过 8 个，就会出错，因为已超过最大映像区。

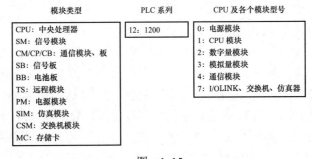

图　1-16

图 1-17

2）通信 SIMATIC S7-200 SMART 的 CPU 集成了 1 个以太网接口和 1 个 RS 485 接口，本体可再增加一个 RS 232/485 信号板，DP 支持从站模式（需要 EM DP01 模块）。而 SIMATIC S7-1200 本体标配 PROFINET 接口，可在模块左侧扩展 3 个通信模块，在本体增加一个 RS 485 信号板，通信模块既可以做 DP 主站，也可以做 DP 从站。

3）SIMATIC S7-200 SMART 的存储器的程序存储区、数据存储区的大小是固定不变的，SIMATIC S7-200 SMART 的符号表不能下载到 PLC 里，也不能上传出来。而 SIMATIC S7-1200 的存储区是浮动的，且 SIMATIC S7-1200 可以使用外部存储卡来存储程序，SIMATIC S7-1200 的注释和符号表既可以下载到 PLC 里，也可以上传出来。

4）数据存储区大小。SIMATIC S7-200 SMART 的数据存储区为 8 ~ 20KB，而 SIMATIC S7-1200 的数据存储区为 30 ~ 125KB（1K=1024 个字节）。

5）程序结构不同。SIMATIC S7-200 SMART 程序结构分为主程序、子程序和中断程序，而 SIMATIC S7-1200 程序结构以功能块形式存在，如图 1-18 所示。

图 1-18

6）数据类型的区别。SIMATIC S7-200 SMART 支持的数据类型都是基本数据类型，而 SIMATIC S7-1200 除了支持基本数据类型外，还支持复杂数据类型及参数类型。SIMATIC S7-200 SMART 的数据类型有布尔型（bool，也称开关型）、字节型（byte）、16 位无符号整数型（Word）、16 位有符号整数型（INT）、32 位无符号双整数型（DWord）、32 位有符号双整数型（DINT）、32 位实数型（Real）和 ASCII 码及字符串（STRING）。而 SIMATIC S7-1200 的数据类型有 90 种左右，常用的有 30 多种，如图 1-19 所示。

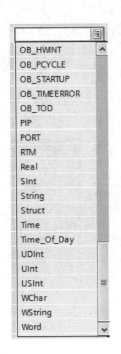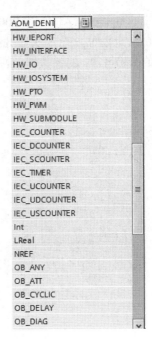

图 1-19

7）定时器的区别。SIMATIC S7-200 SMART 的定时器由定时器编号决定时基，且数量固定，定时时间短，最大为 3276.7s；SIMATIC S7-200 SMART 的定时器计时，当前值大于或者等于预设值时，触点转换。如 T37 时基为 100ms，如图 1-20 所示。而 SIMATIC S7-1200 的定时器仅与存储器大小有关，可以认为是无穷的。由于 SIMATIC S7-1200 采用 IEC 定时器，最长计时 21 天；SIMATIC S7-1200 的定时器计时，当前值大于或者等于预设值时，输出 Q 值为 1，如图 1-21 所示。

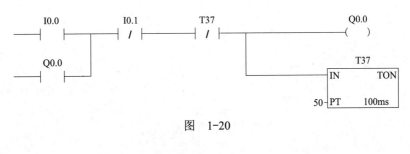

图 1-20

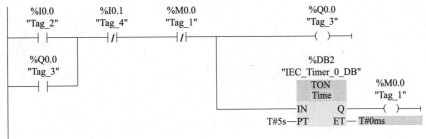

图 1-21

8）对于计数器来讲，SIMATIC S7-200 SMART 的计数器以 16 位的字来存储，其最大值为 32767，如 C0 在计数时，设定次数为 6 次，C0 当前值大于或者等于预设值时，C0 触点动作。而 SIMATIC S7-1200 的计数器范围可以调整，如图 1-22 所示。

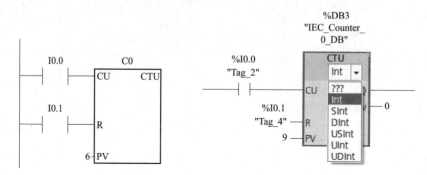

图　1-22

第2章 SIMATIC S7-1200 的软件及项目配置

2.1 TIA 软件要求及硬件要求

全集成自动化软件 TIA Portal（中文名为博途）是西门子工业自动化集团发布的全集成自动化软件，它几乎适用于所有自动化任务，借助这个软件平台，用户能够快速、直观地开发和调试自动化控制系统。与传统方法相比，无须花费大量时间集成各个软件包，显著地节省了时间，提高了设计效率。

因为 TIA 软件除了用于硬件组态和编写 PLC 程序、仿真调试外，还用于组态可视化监控系统、支持触摸屏和 PC 工作站、设置和调试变频器，用于安全型 S7 系统和 SIMOTION 运动控制，因此 TIA 软件对计算机操作系统要求比较高。STEP 7 Professional / Basic TIA Protal V15 可以安装于以下操作系统：

1）Windows 7 操作系统（64 位）。

2）Windows 10 操作系统（64 位）。

3）Windows Server 操作系统（64 位）。

4）Windows Server 2012 R2 操作系统（完全安装）。

5）Windows Server 2016 Standard 操作系统（完全安装）。

2.2 TIA 软件对计算机系统硬件的要求

TIA 软件对计算性能有如下要求：

1）处理器 Core i5-6440EQ 3.4 GHz 或者相当。

2）内存 16GB 或者更大（对于大型项目，内存至少为 32GB）。

3）硬盘 SSD，配备至少 50GB 的存储空间。

4）图形分辨率最小 1920×1080。

5）显示器 15.6in（1in = 2.54cm）宽屏显示（1920×1080）。

2.3 TIA Portal V15.1 软件的安装

由于 TIA 对计算机安全更新的要求，必须先安装 Windows 6.1-KB3033929-x64，用户可以从微软官网搜索微软安全更新软件，找到 KB3033929 安全更新，选择适合自己操作系统的版本（32 位或 64 位），下载并安装安全更新。

1）在安装 TIA Portal 软件时，首先要关闭计算机所有的杀毒、电脑管家等软件，然后找到安装文件，双击"Start"进行安装，如图 2-1 所示。

图　2-1

2）如果提示重启计算机，如图 2-2 所示，则需删除注册表条目。首先打开运行注册表命令"regedit"，在"开始"→"运行"中输入"regedit"；或者按 <Win+R> 键，输入"regedit"后按 <Enter> 键，如图 2-3 所示。在注册表内找到"HKEY_LOCAL_MACHINE\SYSTEM\CurrentControlSet\Control\Session Manager"，删除注册表"PendingFileRenameOperations"，如图 2-4 所示。

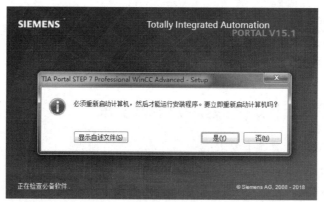

图　2-2

图　2-3

图　2-4

3）解决完以上报警后，选择安装语言为"中文"，单击"下一步"，如图 2-5 所示。

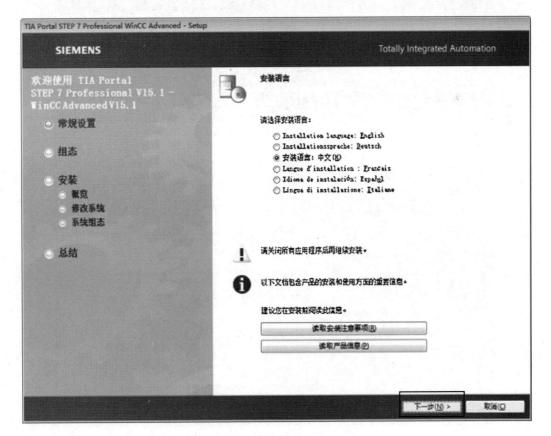

图　2-5

4）确认需要安装的项目，单击"下一步"，如图 2-6 所示。

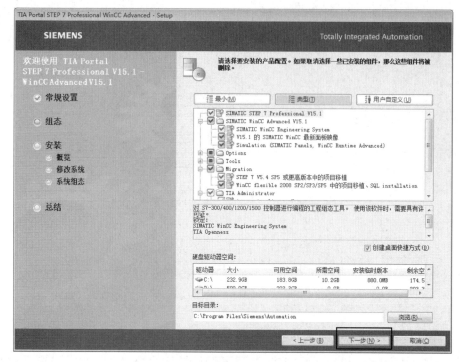

图　2-6

5）勾选许可协议，单击"下一步"，如图 2-7 所示。

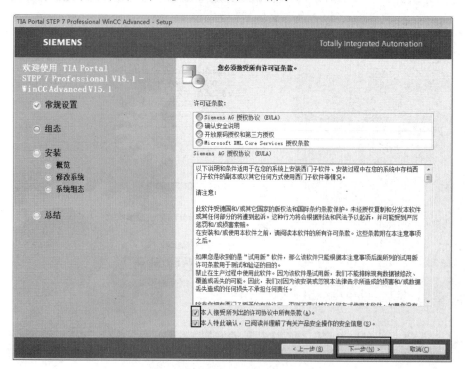

图　2-7

6）勾选"我接受此计算机上的安全和权限设置"，单击"下一步"，如图 2-8 所示。

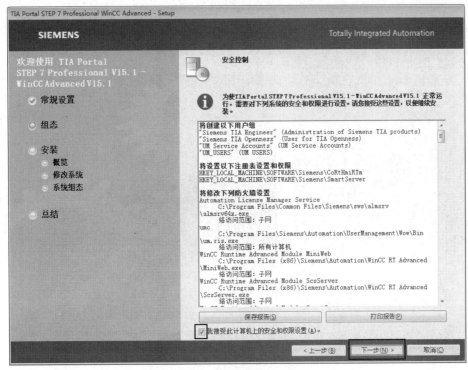

图　2-8

7）确认安装的项目，单击"安装"，如图 2-9 所示。

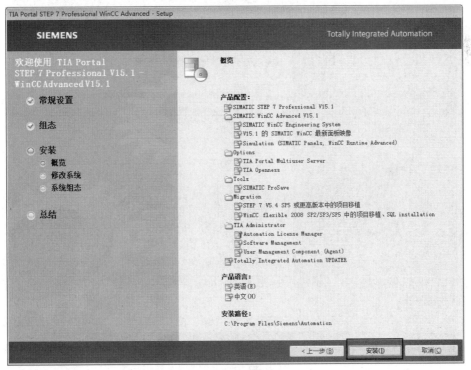

图　2-9

8）单击"安装"，等待 15～50min，该等待时间由计算机性能决定，如图 2-10 所示。

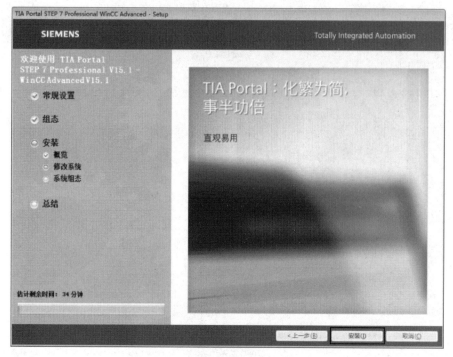

图 2-10

9）安装完成后，选择"是，立即重启计算机"，如图 2-11 所示。

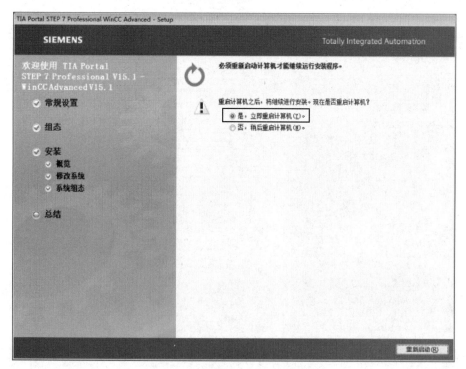

图 2-11

2.4　TIA Portal V15 .1 仿真器的安装

TIA 软件可以对用户编写的程序进行离线仿真，以检查程序正确与否。具体设置步骤如下：

1）双击"Start"进行安装，如图 2-12 所示。若提示要求重启计算机，则按照安装 TIA 编程软件的方法操作，删除注册表对应内容。

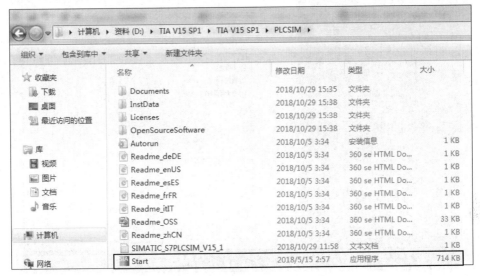

图　2-12

2）选择"安装语言：中文"，单击"下一步"，如图 2-13 所示。

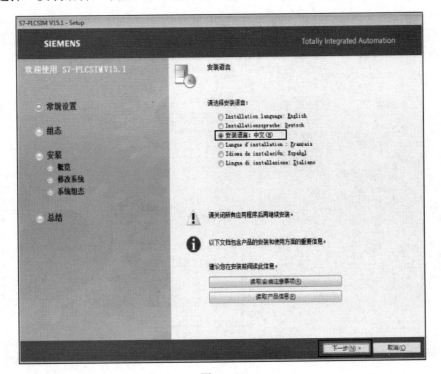

图　2-13

3）勾选"中文"，单击"下一步"，如图 2-14 所示。

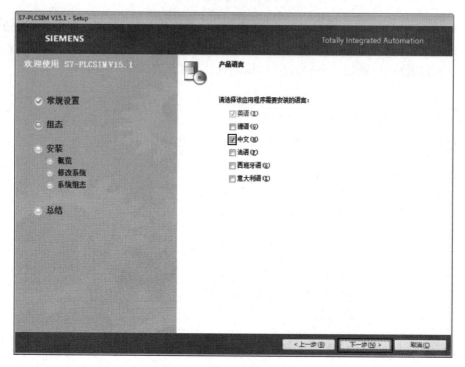

图　2-14

4）确认需要安装的项目，单击"下一步"，如图 2-15 所示。

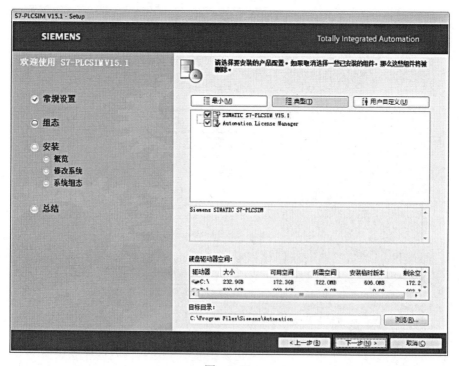

图　2-15

5）勾选许可协议，单击"下一步"，如图 2-16 所示。

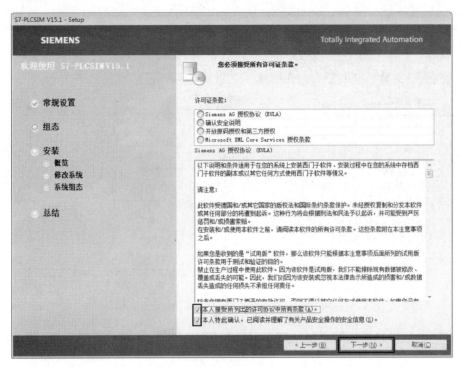

图　2-16

6）勾选"我接受此计算机上的安全和权限设置"，单击"下一步"，如图 2-17 所示。

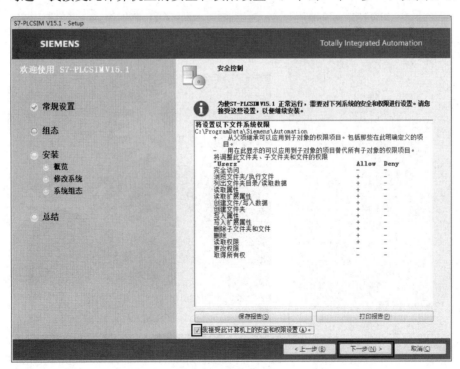

图　2-17

7）确认安装的项目，单击"安装"，如图 2-18 所示。

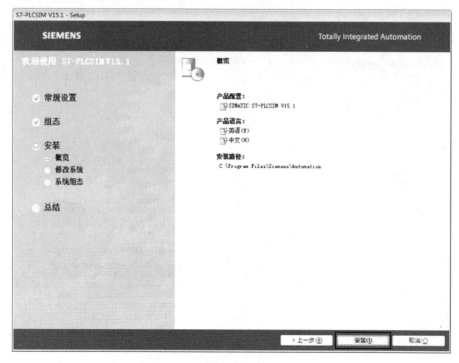

图　2-18

8）单击"安装"，等待 8 ～ 20min，该等待时间由计算机性能决定，如图 2-19 所示。

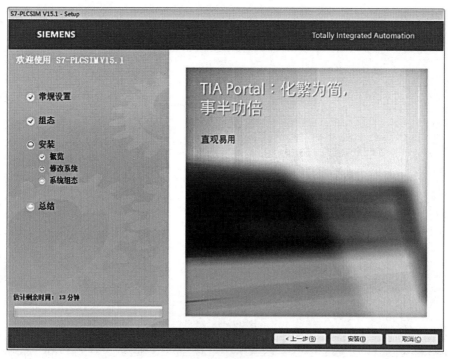

图　2-19

9）安装完成后，选择"是，立即重启计算机"，如图 2-20 所示。

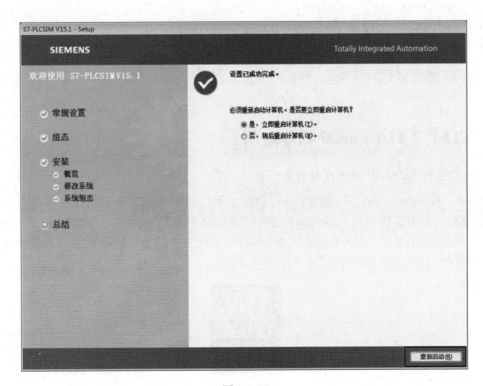

图　2-20

第3章 TIA 项目的配置及软件应用

3.1 STEP 7 TIA Portal 软件应用

1. STEP 7 TIA Portal *新项目的创建*

STEP 7 TIA Portal 向用户提供了非常简便、灵活的项目创建、编辑以及下载方式。用户不需要购买专用编程电缆，仅使用以太网卡和以太网线即可实现对 S7-1200 CPU 的监控和下载。在桌面中双击"TIA Portal V15"图标，如图 3-1 所示，启动软件，软件界面包括 Portal 视图和项目视图，两个界面中都可以新建项目。

图 3-1

1) 在"Portal 视图"界面中，单击"创建新项目"，并输入"项目名称""路径"和"作者"等信息，然后单击"创建"按钮即可生成新项目，如图 3-2 所示。

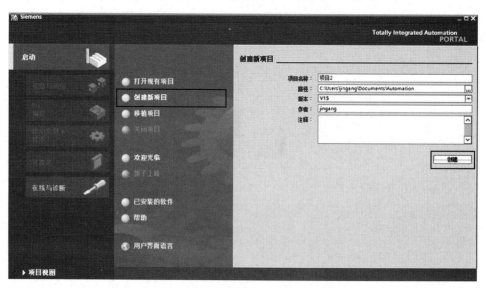

图 3-2

2) 用户需要将窗口切换到"项目视图"，即单击"打开项目视图"，如图 3-3 所示。

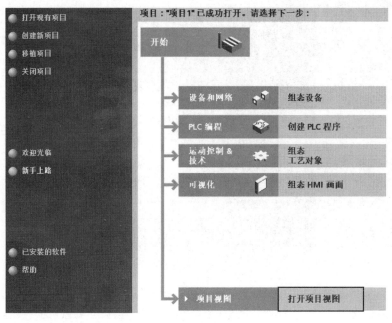

图 3-3

3）单击"打开项目视图"以后就会进入"项目视图"界面，如图 3-4 所示。

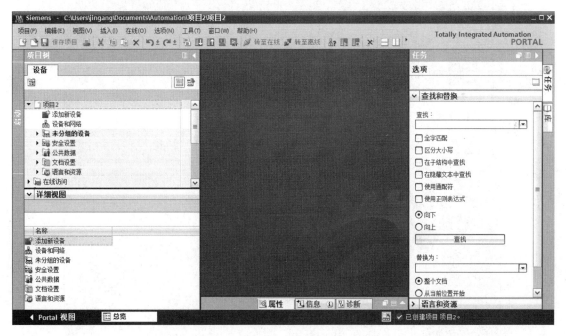

图 3-4

2. SIMATIC S7-1200 硬件手动组态

1）手动组态通常在已知所有产品的完整订货号的情况下采用，这种方式的优点是可以完全离线进行设备组态。首先在"项目视图"界面左侧的"项目树"中，单击"添加新设备"，如图 3-5 所示，然后弹出"添加新设备"对话框，如图 3-6 所示。

图　3-5

2）在图 3-6 所示对话框中选择与实际系统完全匹配的设备：首先选择"控制器"，然后选择 S7-1200 CPU 的型号为"6ES7 215-1AG40-0XB0"，再确定 CPU 的"版本"为"V4.2"，设置"设备名称"为"PLC_1"，最后单击"确定"按钮完成新设备添加。

图　3-6

3. SIMATIC S7-1200 硬件自动组态

1）自动检测上载硬件信息时，软件要求在 TIA Portal V13 及以上版本，固件要求在 SIMATIC S7-1200 V4.0 及以上版本。双击"TIA Portal V15"图标，如图 3-7 所示，启动软件。

图　3-7

2）在"Portal"视图中，单击"创建新项目"，并输入"项目名称""路径"和"作者"等信息，然后单击"创建"按钮即可生成新项目，如图 3-8 所示。

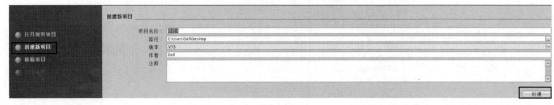

图　3-8

3）打开"组态设备"，如图 3-9 所示。

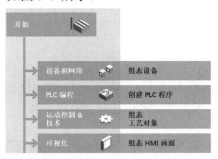

图　3-9

4）首先单击"添加新设备"，然后选择"控制器"→"CPU"→"非特定的 CPU 1200"→"6ES7 2×-××××-××××"，最后单击"添加"按钮，如图 3-10 所示。

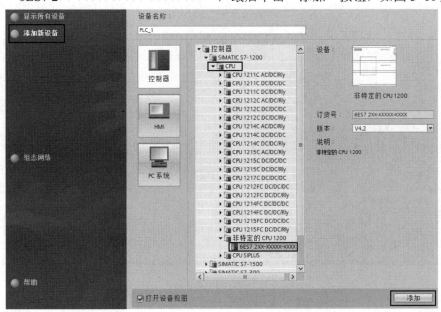

图　3-10

5）在"项目视图"中单击"获取"，如图 3-11 所示。

图 3-11

6）出现"PLC_1 的硬件检测"对话框，单击"开始搜索"按钮，搜索完成后单击"检测"按钮，如图 3-12 所示。

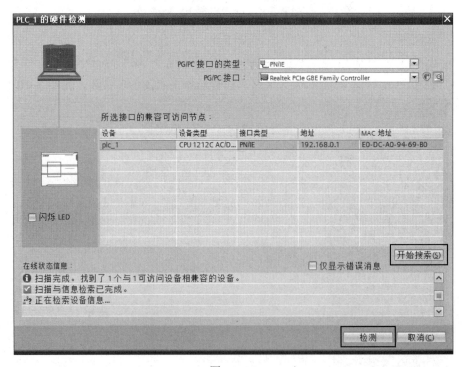

图 3-12

7）检测完成后 PLC 硬件组态自动完成，如图 3-13 所示。

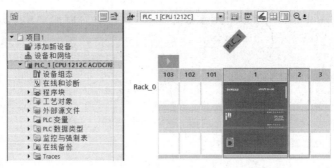

图　3-13

4. SIMATIC S7-1200 硬件模块的组态及更改

1）无论是手动组态还是自动组态，项目中的组态要与实际系统保持一致。系统启动时 CPU 会自动监测软件的预设组态与系统的实际组态是否一致，如果不一致会报错，此时 CPU 能否启动取决于启动设置。在完成新设备添加后，与该新设备匹配的机架也会随之生成。所有通信模块都要配置在 CPU 左侧，而所有信号模块都要配置在 CPU 右侧，在 CPU 上可以配置一个扩展板。

2）在硬件配置过程中，TIA Portal 软件会自动检查模块的正确性。在"硬件目录"下选择模板后，可以直接拖拽到主机右侧，如果机架中允许配置该模块则边框变为蓝色，不允许配置该模块则边框无变化，如图 3-14 所示。

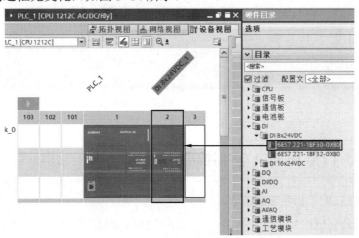

图　3-14

3）如果需要更换已经组态的模块，可以直接选中该模块，在鼠标右键菜单中选择"更改设备"命令，如图 3-15 所示，然后在弹出的对话框中选择新的模块，最后单击"确定"按钮，如图 3-16 所示。

图　3-15

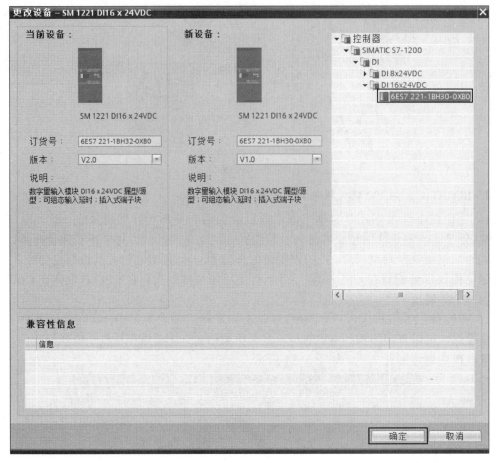

图 3-16

3.2 STEP 7 TIA Portal 编写简易程序及特性

1. 主程序的创建及程序下载测试

1）在硬件组态完成后，打开"程序块"，选择"Main[OB1]"选项双击打开，如图 3-17 所示。

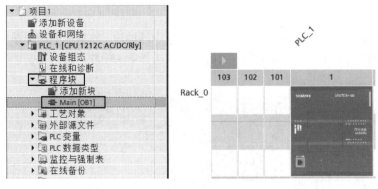

图 3-17

2）在"项目视图"中打开"Main [OB1]"选项，并在"Main [OB1]"窗口中编写简易程序，如图 3-18 所示。

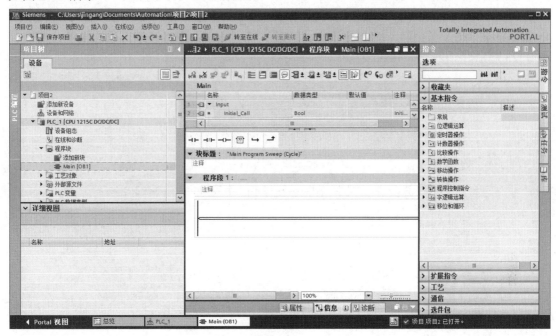

图　3-18

3）用户在编写指令时，可以在指令快捷区域的位置，添加常用的指令，以方便编程操作，如图 3-19 所示。添加方法为用户在"指令树"中，选中任何一个要添加的指令，直接拖拽到指令快捷区域即可，如图 3-20 所示。

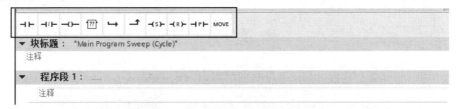

图　3-19

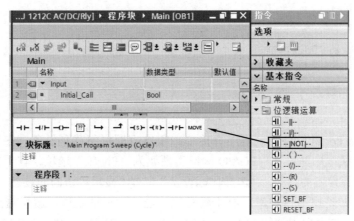

图　3-20

4）在"程序段1"中写入起保停程序。指令的添加方式为，选择要插入的指令双击或者直接拖拽，将指令拖拽至程序段时，在相应的位置会出现绿色方块，如图 3-21 所示；当插入分支时，首先将光标├—放在图3-22 所示的位置，然后单击 ┑ 按钮向下插入分支指令，出现┡╸图标，插入指令后，选中┢╗图标，移动光标会出现╺╸图标表示可以连接的位置，如图 3-23 所示。

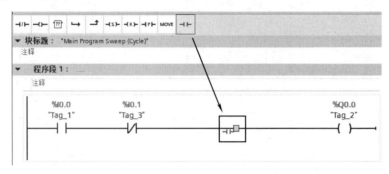

图　3-21

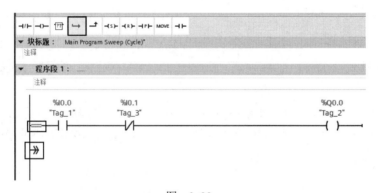

图　3-22

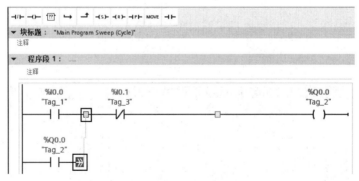

图　3-23

5）使用 TIA Portal 软件下载程序直接单击 图标即可下载到设备，在弹出的"扩展的下载到设备"对话框中，设置"PG/PC 接口类型"为"PN/IE"选项，在"PG/PC 接口"下拉选项中选择编程设备的网卡，"选择目标设备"选择"显示可访问的设备"，然后单击"开始搜索"按钮，如果找不到 PLC，把计算机的地址改为自动获得，就可搜到 PLC。搜索到可访问的设备后，选择要下载的 PLC，当网络上有多个 SIMATIC S7-1200 PLC 时，通过"闪烁 LED"来确认下载对象,单击"下载"按钮,如图 3-24 所示。

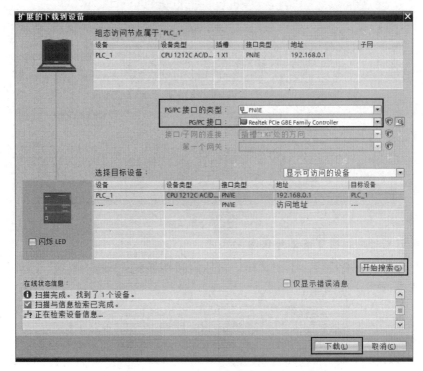

图　3-24

6)下载时会出现"装载到设备前的软件同步"对话框,单击"在不同步的情况下继续"按钮,如图 3-25 所示。

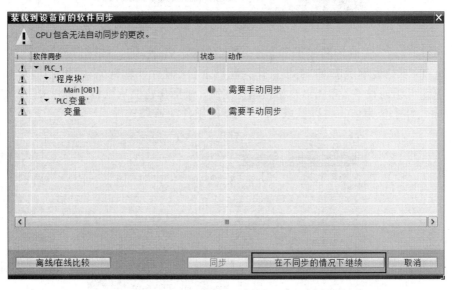

图　3-25

7)如果需要下载修改过的硬件组态(CPU 处于运行模式时),需要把 CPU 转为停止模式才可完成下载,如图 3-26 所示。

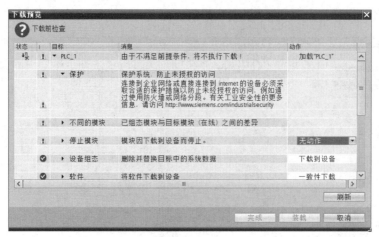

图 3-26

2. 使用 TIA 创建新项目或上传程序

1）当使用完一个项目后，不用关闭，可以直接切换到"Protal 视图"，关闭项目，然后再创建一个新项目，如图 3-27 所示。

图 3-27

2）上传程序时，先确定网线正常连接，然后创建一个新项目，单击"添加新设备"选项，再从"在线"的下拉菜单中选择"将设备作为新站上传（硬件和软件）"后开始访问，如图 3-28 所示。再更新可访问设备，单击"开始搜索"按钮，最后单击"从设备上传"按钮，如图 3-29 所示，程序硬件上传完成，可以获取 CPU 完整的硬件配置和软件。

图 3-28

　　需要注意，要上传的硬件配置和软件必须与 **TIA Portal** 软件版本兼容。如果设备上的数据是由前版本程序或不同的组态软件创建的，则需确保它们是兼容的。

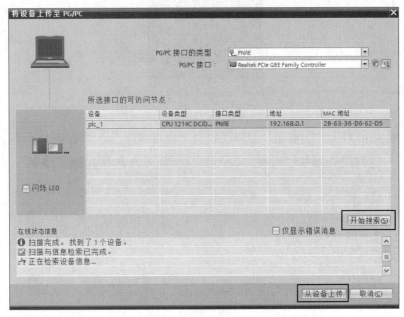

图　3-29

3. SIMATIC S7-1200 PLC SIM V15.1 *仿真器使用及技巧*

　　1）单击 TIA Portal 软件的■按钮启动 SIMATIC S7-1200 PLC SIM V15.1 仿真器，这时会弹出系统提示和仿真器对话框的精简视图，如图 3-30 所示。

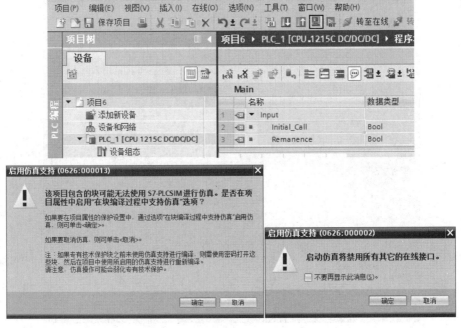

图　3-30

图 3-30（续）

2）单击图 3-30 右上角图按钮，可以切换到"项目视图"，如图 3-31 所示。

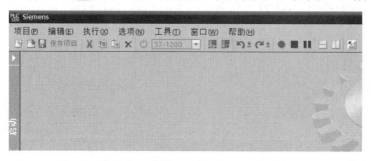

图 3-31

3）返回 TIA Portal 的编程界面，选中"项目"里的"1200 PLC"，单击"下载"按钮，系统弹出如图 3-32 所示的"扩展的下载到设备"对话框，按照图中所示选择接口，并单击"开始搜索"按钮，在兼容设备对话框里会显示出仿真器设备，如图 3-32 所示选中的设备，单击"下载"按钮，即可将项目下载到 SIMATIC S7-1200 PLC SIM V15.1 仿真器中。

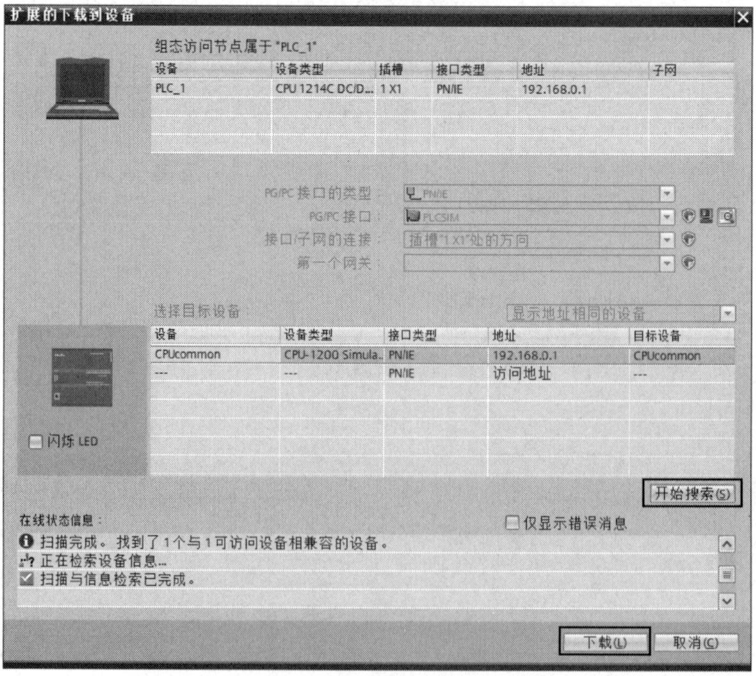

图 3-32

4）项目下载成功后，可以单击仿真器上的"启动"和"停止"按钮更改 CPU 的运行模式。在仿真软件中创建一个新项目，如图 3-33 所示。

5）新建完成后，打开项目树，如图 3-34 所示，并新建一个 SIM 表格，然后在该表中添加变量，并对变量值进行监控和修改，如图 3-35 所示。

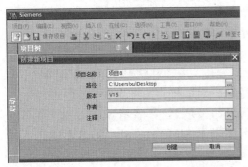

图　3-33

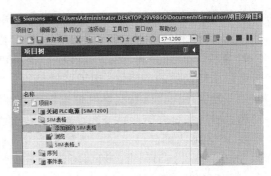

图　3-34

图　3-35

6）在"SIM 表格 _2"中添加变量 I0.0、Q0.0、M0.0 并进行测试和说明，此时单击 ①"启动 / 禁用非输入修改"图标，可以对②处 I0.0、M0.0、Q0.0 的值进行更改。若 TIA Portal 程序触点有相应的动作，则表示仿真成功，如图 3-36 所示。

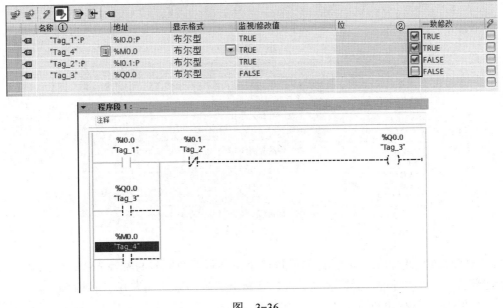

图　3-36

35

7）需要注意的是，在默认情况下，只有输入点是允许更改的，非输入点 Q 或 M 的修改列为灰色，只能监视而无法更改。这时，如果想更改非输入点的值，则需要单击工具栏的"启动 / 禁用非输入修改"按钮，如图 3-37 所示，便可以启动非输入变量的修改。

图 3-37

4. SIMATIC S7-1200 系统和时钟存储器

1）系统和时钟存储器调用。在"设备组态"界面，先打开 CPU 属性，如图 3-38 所示，可以给系统和时钟存储器设置 M 存储器的字节，然后程序逻辑可以引用它们的各个位，用于逻辑编程。"系统存储器位"中，用户程序可以引用 4 个位，即"首次循环""诊断状态已更改""始终为 1（高电平）"和"始终为 0（低电平）"。勾选"启用系统存储器字节"，系统存储器字节的地址如果是 1，则表示 MB1；如果是 6，则表示 MB6，可自己定义。"首次循环：%M1.0"相当于 SIMATIC S7-200 SMART 里面的 SM0.1 首次扫描闭合，然后断开；"始终为 1（高电平）"表示该位始终设置为 1，相当于 SIMATIC S7-200 SMART 里面的 SM0.0 常开点；"始终为 0（低电平）"表示该位始终设置为 0，相当于 SIMATIC S7-200 SMART 里面的 SM0.0 常闭点，如图 3-39 所示。

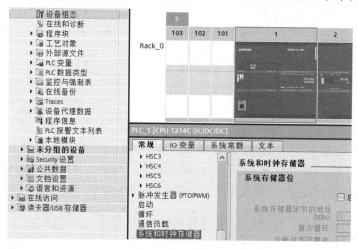

图 3-38

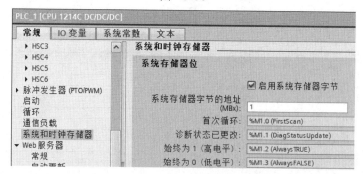

图 3-39

2）时钟存储器位设置。时钟存储器每一个位都是不同频率的时钟方波。勾选"启用时钟存储器字节"，"时钟存储器字节的地址（MBx）"的首地址为 0，时钟存储器中的 8 个位提供了 8 种不同频率的方波，如图 3-40 所示。

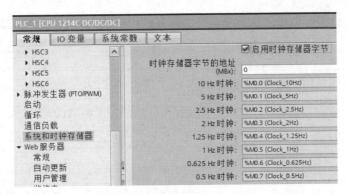

图　3-40

5. SIMATIC S7-1200 的内部存储区和掉电数据保持

设置 PLC 变量的保持性：打开"PLC 变量"，单击"显示所有变量"选项，如图 3-41 所示；然后设置需要保持的字节宽度个数，如图 3-42 所示，设置 M 存储器保持宽度为 2，其表示从 MB0 开始的 2 个字节，保持性存储器将自动勾选。

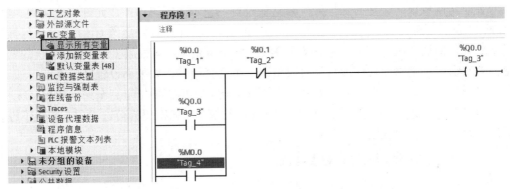

图　3-41

图　3-42

6. CPU 的防护安全

打开 CPU 属性，选择"防护与安全"，此界面可以设置该 PLC 的访问等级，共可设置 4 个访问等级，如图 3-43 所示。

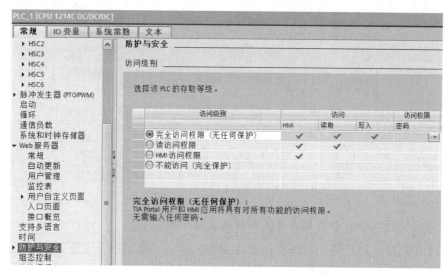

图 3-43

"完全访问权限（无任何保护）"为默认设置，表示无密码保护，允许完全访问。"读访问权限"表示没有输入密码的情况下，只允许进行只读访问，无法更改 CPU 上的任何数据，也无法装载任何块或组态。选择这个保护等级需要指定完全访问权限（无任何保护）的密码，如果需要写访问，则需要输入读访问权限密码，可选择设置，如果不设置则无法获得该访问权限。"不能访问（完全保护）"表示不允许任何访问，但需要指定完全访问权限（无任何保护）的密码。"读访问权限"的密码和"HMI 访问权限"的密码为可选设置，如果不设置，就无法获得相应的访问权限。

7. SIMATIC S7-1200 程序块的密码保护

1）程序块的专有技术保护主要是保护计算机中存储的 SIMATIC S7-1200 项目文件内容，保护作者的知识产权。没有密码的人员无法查看被保护程序块的具体内容。用户可以对自己编写的 OB、FB、FC 程序块进行技术保护，在"Main [OB1]"中编写程序，如图 3-44 所示。

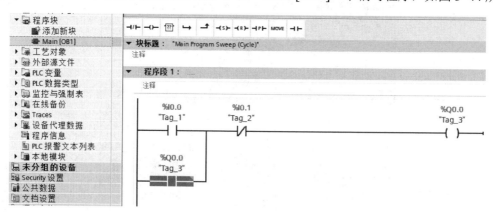

图 3-44

2）右击"Main [OB1]"，在右键菜单中选择"专有技术保护"，之后在弹出的"定义保护"对话框中输入密码，如图 3-45 所示。

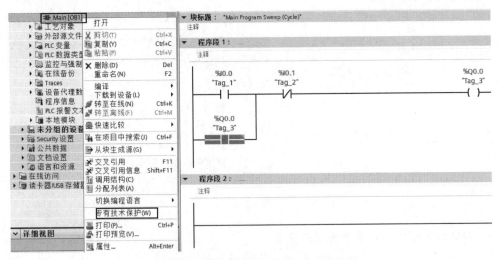

图　3-45

3）在输入密码后，此时"Main [OB1]"已被加密，在程序块上方显示已受保护，且 OB1 会有标志显示，如图 3-46 所示。

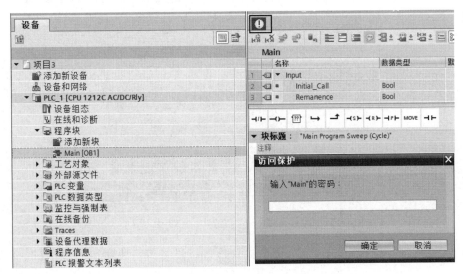

图　3-46

4）若要取消保护，则要关闭"Main [OB1]"，单击"编辑"菜单，选择"撤销设置块'Main' 的密码"，如图 3-47 所示。

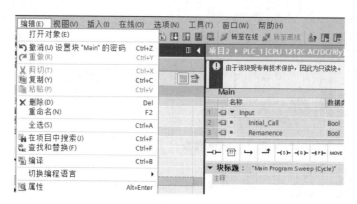

图　3-47

8. SIMATIC S7-1200 重置为出厂设置

1）在某些情况下，项目已编译通过，但在 CPU 下载时报错导致无法下载，需要把 CPU 重置为出厂设置。具体操作如下：打开 TIA Portal 软件，选择"创建新项目"，填写"项目名称""路径"等信息，然后单击"创建"按钮，如图 3-48 所示。

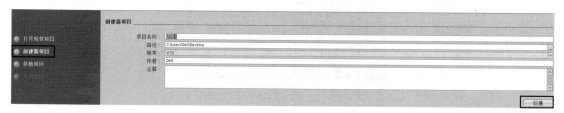

图　3-48

2）创建完成后，单击"打开项目视图"，进入项目视图，如图 3-49 所示。

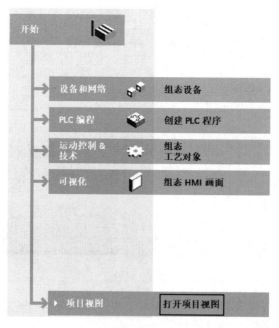

图　3-49

3）查找计算机使用的网卡。右击"此电脑"图标弹出快捷菜单，单击"管理"，在弹出的"计算机管理"窗口中选择"设备管理器"，如图 3-50 所示。

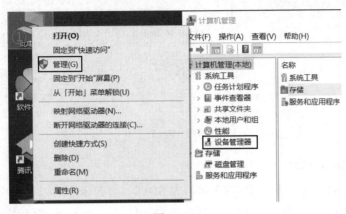

图　3-50

4）打开"设备管理器"→"网络适配器"，找到计算机使用的网卡名称，如图 3-51 所示。

图　3-51

5）返回 TIA Portal 软件，单击"在线访问"选项，找到计算机使用的网卡。扫描完成后，会显示已找到的可访问设备，如图 3-52 所示。

图　3-52

6）打开在线和诊断设备。双击"在线和诊断"选项，在"功能"下拉选项中选择"重置为出厂设置"，最后单击"重置"按钮重置即可，如图 3-53 所示。

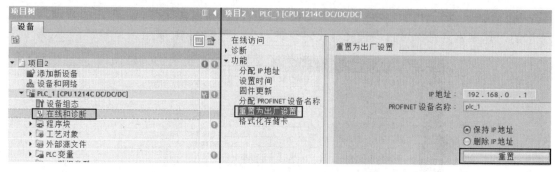

图 3-53

9. SIMATIC S7-1200 CPU 存储卡的使用

1）SIMATIC S7-1200 CPU 使用的存储卡为 SD 卡，存储卡中可以存储用户项目文件，也可以作为 CPU 的装载存储区。用户项目文件如果仅存储在卡中，CPU 中没有项目文件，那么离开存储卡就无法运行项目文件。在没有编程器的情况下，存储卡可作为向多个 SIMATIC S7-1200 PLC 传送项目文件的介质。忘记密码时，可以清除 CPU 内部的项目文件和密码。24MB 卡可以用于更新 SIMATIC S7-1200 CPU 的固件版本。将 CPU 上挡板向下打开，可以看到右上角有一个 MC 卡槽，将存储卡缺口向上插入卡槽内，如图 3-54 所示。

图 3-54

2）对于 SIMATIC S7-1200 CPU，存储卡不是必需的。将存储卡插到一个处于运行状态的 CPU 上，会造成 CPU 停机。SIMATIC S7-1200 CPU 仅支持由西门子制造商预先格式化的存储卡，作为存储卡，其为 SIMATIC S7-1200 CPU 的装载存储区，所有程序和数据存储在卡中，CPU 内部的存储区中没有项目文件，设备运行中存储卡不能被拔出；作为传输卡，存储卡可以向 CPU 传送项目，传送完成后必须将存储卡拔出，CPU 可以离开存储卡独立运行。使用存储卡清除密码：如果忘记了 SIMATIC S7-1200 的密码，且通过"恢复出厂设置"无法清除 SIMATIC S7-1200 内部的程序和密码，这时唯一的清除方式是使用存储卡，将一张全新的或者空白的存储卡插到 SIMATIC S7-1200 CPU 上，设备上电后，SIMATIC S7-1200 CPU 会将内部存储区的程序转移到存储卡中，拔下存储卡后，SIMATIC S7-1200 CPU 内部将不在有用户程序，即实现了清除密码。存储卡中的内容可以使用读卡器清除。

10. TIA Portal 软件使用技巧解析

1）在同一网段下 SIMATIC S7-1200 支持多个独立分支。以前无论是 SIMATIC S7-200 SMART 还是 SIMATIC S7-300 中的梯形图都不允许在一个网段内有多个分支，现在 STEP 7TIA Portal 软件解除了这种限制，如图 3-55 所示。

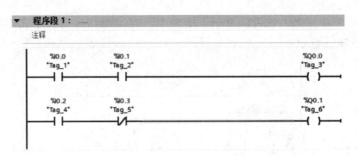

图　3-55

这样的好处是，程序看起来更加紧凑，同一功能的程序放在一个网段内条理更清晰。图 3-56 是 STEP 7 MicroWIN 中多个独立分支编译后，提示程序过于复杂的错误。

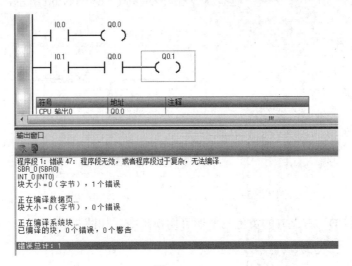

图　3-56

2）输出指令后可以继续编写。以往编程时当输出类指令出现后，就标志着一条信号分支的结束，而在 TIA Portal 中可以继续往下编辑程序，如图 3-57 所示，"程序段 1" 和 "程序段 2" 的执行效果一样。

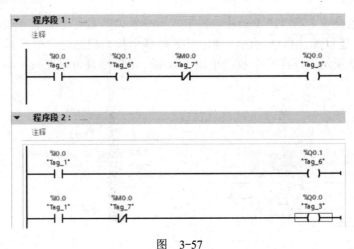

图　3-57

3）指令改写更加高效。在 TIA Portal 软件中，同类型指令可以单击右上方的三角形直接替换，如图 3-58 所示。

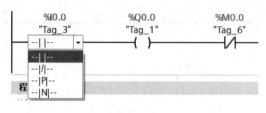

图　3-58

4）除了指令可以选择和替换外，参数也可以选择和替换。以加法指令（图 3-59）为例，单击图中的"Auto（？？？）"，选择加法指令的参数，如图 3-60 所示，可以更改数据类型的转换。

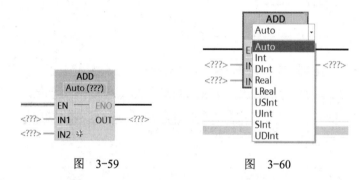

图　3-59　　　　　图　3-60

5）单击"ADD"右上方的黄色三角形可切换指令，如图 3-61 所示。

图　3-61

6）接口可自定义。在 TIA Portal 软件中，指令入口的数目不是固定的，同一指令可添加多个操作数。还以加法指令为例，当用户需要多个数据相加时，单击 图标可以增加操作数，如图 3-62 所示。这样多个数据相加，只用一条指令就可以完成，不用再像以往那样累计。

图　3-62

7）使能输出端可自定义。西门子 PLC 中每条指令都有 EN 和 ENO 两端，EN 为使能输入端，ENO 为使能输出端。只有当使能输入端 EN 接通时，指令才可以执行，指令执行完成后 ENO 端才接通。以往无论在 SIMATIC S7-200 还是 SIMATIC S7-300 中，ENO 指令只要不接通，后面的指令都无法执行。例如，当除法指令 MD4=0 时，指令是出错不执行的（除数不能为零），后面程序中的加法指令也不能被执行，如图 3-63 所示。

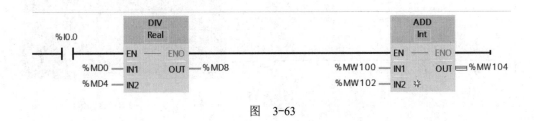

图　3-63

现在 TIA Portal 软件中可以自定义 ENO 指令，可通过右击指令框，在弹出菜单中选择"生成 ENO"，这样即便被除数为零也不影响后面的指令执行，如图 3-64 所示。

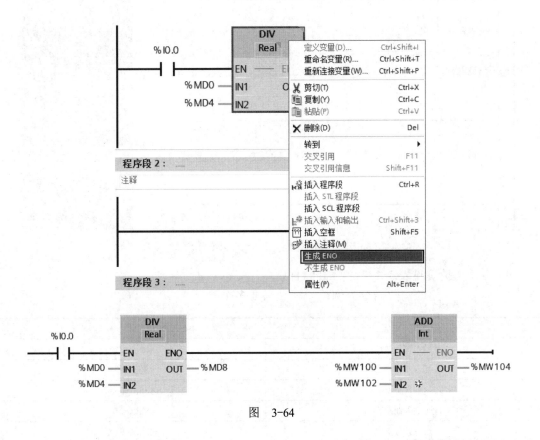

图　3-64

8）智能拖拽。在 TIA Portal 中提前建立好标签，在"视图"中单击"选择垂直拆分空间"按钮，可对变量直接进行拖拽操作，如图 3-65 所示。选中要拖拽的变量，将其拖拽至所需位置，若位置变为绿色则可以放置此地址，如图 3-66 所示。

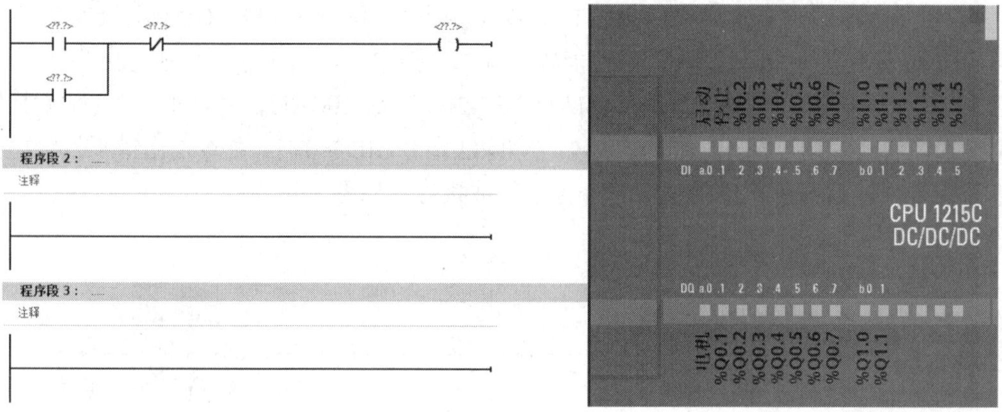

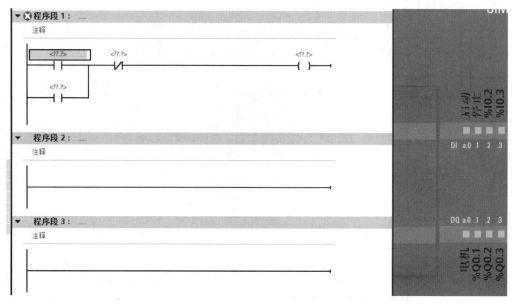

图 3-65

图 3-66

9）常用快捷键见表 3-1。

表 3-1

功　能	快　捷　键
插入常开触点	\<Shift+F2\>
插入常闭触点	\<Shift+F3\>
插入空框	\<Shift+F5\>
插入线圈	\<Shift+F7\>
打开分支	\<Shift+F8\>
关闭分支	\<Shift+F9\>
向下插入网络	\<Ctrl+R\>
向上插入网络	选中块标题后，按 \<Ctrl+R\> 键

第4章 SIMATIC S7-1200 基本指令

4.1 SIMATIC S7-1200 位逻辑指令

1. 变量表

1）在 SIMATIC S7-1200 的编程中，特别强调变量表（也称符号表）的使用，在开始编写程序之前，应当首先为输入、输出、中间变量定义相应的符号名，以起保停程序为例，首先打开"PLC 变量"，选择"添加新变量表"，新建一个变量表，然后将变量表进行重命名，在变量表中分别建立"启动""停止""电机"三个变量，如图 4-1 所示。

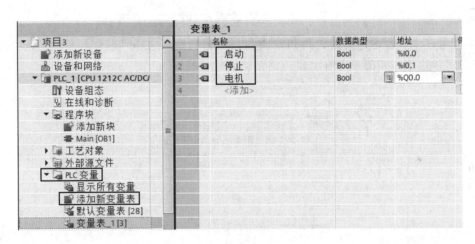

图　4-1

2）在程序编辑器中编写变量时，双击触点并选用定义好的变量表，如图 4-2 所示。

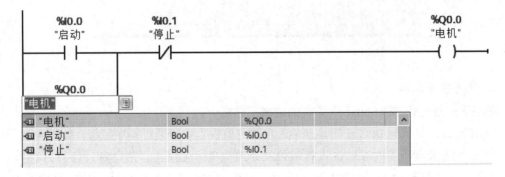

图　4-2

3）单击"绝对 / 符号操作数" 按钮可更换变量显示方式，如图 4-3 所示。

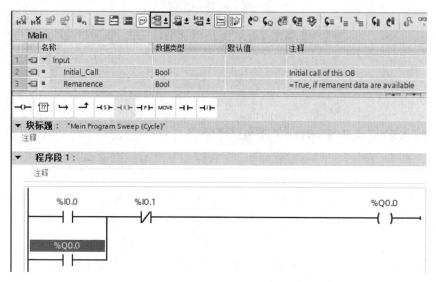

图 4-3

4）在程序编辑器中定义和更改 PLC 变量。右击变量可选择"重命名变量"或"重新连接变量"进行更改，如图 4-4 所示。

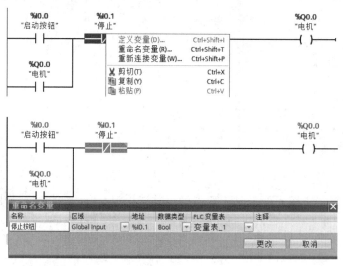

图 4-4

2. 程序状态监视

程序状态监视是 TIA Portal 中重要的调试工具之一。

1）在确认计算机与 PLC 正确连接后，单击"监视"按钮进行程序监控，如图 4-5 所示。

2）在状态监视下可对存储区进行赋值及修改数值。先单击"启动辅助"打开菜单，选择"修改"→"修改为 1"，如图 4-6 所示。需要注意的是 I 点和 Q 点不能将其修改为 1，只能对 M 点进行修改，若相对 I 点和 Q 点强制时，则必须使用强制表。

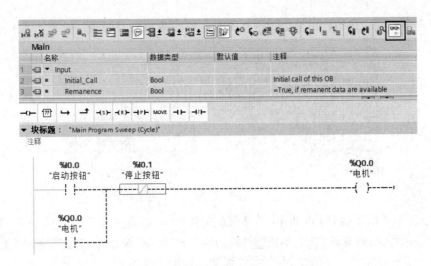

图 4-5

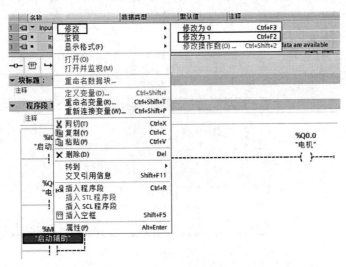

图 4-6

3. 监控表格

监控表格也是 TIA Portal 中重要的调试工具之一。

1）双击项目树→"监控与强制表"→"添加新监控表"选项，如图 4-7 所示。

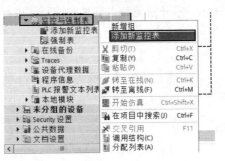

图 4-7

2）单击"监视"按钮，可对地址进行监视，并对数据进行修改，如图 4-8 所示。

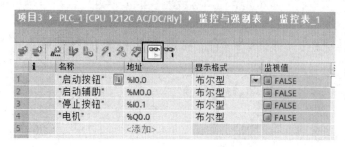

图　4-8

3）监控表不适用于强制 I 点动作，若要强制 I 点动作，则需要打开"项目树"中"强制表"，在表格中添加要强制的变量。首先单击▣"强制表"→"监视"按钮，选择需要强制动作的 I 点，然后单击Ｆ"启动按钮"，启动选中变量的强制，如图 4-9 所示。

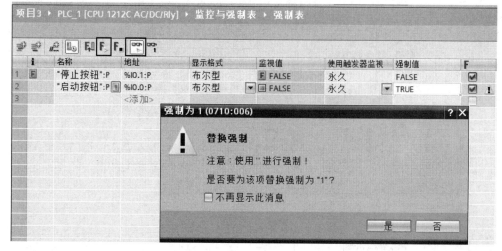

图　4-9

4. 基本逻辑指令

位逻辑指令是 PLC 编程中最基本且使用最烦琐的指令，按不同的功能和用途可以分为基本位逻辑指令、复位置位指令、沿指令等。

（1）基本位逻辑指令　基本位逻辑指令又分常开触点 ┨ ┤├ 常开触点 和常闭触点 ┨ ┤/├ 常闭触点，如图 4-10 所示。常开常闭触点都是对位元件进行操作，得电为 1，失电为 0。

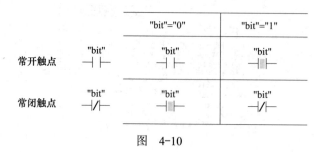

图　4-10

1）取反指令 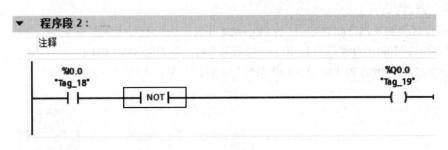 取反，如图 4-11 所示。如果没有按下 I0.0"启动按钮"，则 Q0.0 的状态为 1；如果按下 I0.0"启动按钮"，则 Q0.0 的状态为 0。取反指令就是对 I0.0 的状态进行取反操作。

图 4-11

2）线圈输出赋值指令 赋值 和取反线圈输出赋值指令 赋值取反，如图 4-12 所示。以输出线圈为例，输出线圈得电为 1，失电为 0，而对于取反输出线圈正好和输出线圈相反。

	有能流流入（得电）	无能流流入（失电）
输出线圈 "bit" —( )—	"bit"="1"	"bit"="0"
取反输出线圈 "bit" —(/)—	"bit"="0"	"bit"="1"

图 4-12

（2）复位置位指令。

1）单个位置位指令 置位输出 和单个位复位指令 复位输出，如图 4-13 所示。以单个位置位复位指令为例，当 I0.0 得电时，Q0.0 置位为 1，即使 I0.0 断电，Q0.0 的状态始终为 1；当按下 I0.1"停止按钮"时，Q0.0 的状态被复位为 0。

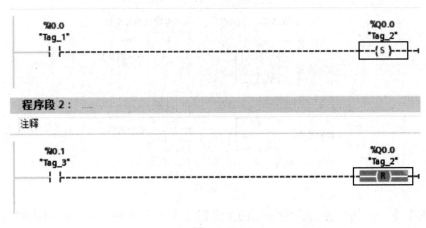

图 4-13

2）多个连续的位置位指令 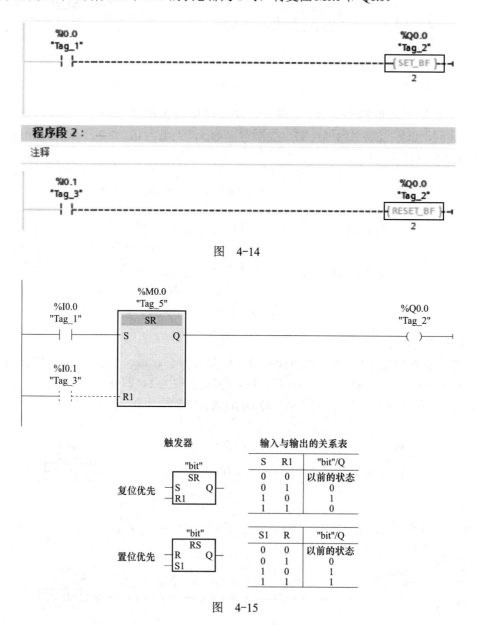SET_BF 置位位域 和多个连续的位复位指令 RESET_BF 复位位域，如图4-14所示。以多个连续的位置位复位指令为例，当I0.0得电时，Q0.0、Q0.1连续两个位置位为1，即使I0.0断电，Q0.0、Q0.1的状态也始终为1；当按下I0.1"停止按钮"时，Q0.0、Q0.1连续两个位的状态被复位为0。

3）置位优先触发指令 SR 置位/复位触发器 和复位优先触发指令 RS 复位/置位触发器，如图4-15所示。当I0.0的状态为1，I0.1的状态为0时，将置位M0.0和Q0.0。当I0.0的状态为0，I0.1的状态为1时，或者I0.0和I0.1的状态都为1时，将复位M0.0和Q0.0。

图 4-14

图 4-15

（3）沿指令　沿指令分为检测触点的上升沿指令和下降沿指令、检测线圈的上升沿指令和下降沿指令、触发器触发的上升沿指令和下降沿指令，如图4-16所示。

上升沿 / 下降沿指令

P 触点	P 线圈	P 触发器
"bit" ⊣P⊢ "M_bit"	"bit" —(P)— "M_bit"	┌─P_TRIG─┐ CLK　Q "M_bit"
N 触点	N 线圈	N 触发器
"bit" ⊣N⊢ "M_bit"	"bit" —(N)— "M_bit"	┌─N_TRIG─┐ CLK　Q "M_bit"

图　4-16

1）触点的上升 / 下降沿指令：当检测到 I0.0 的位数据值由 "0" 变为 "1" 时，该触点接通一个扫描周期，如果 I0.0 一直得电，则 M0.0 也会一直得电，Q0.0 只得电一个周期；当检测到 I0.0 的位数据值由 "1" 变为 "0" 时，该触点接通一个扫描周期，如果 I0.0 一直失电，则 M0.0 也会一直失电，Q0.1 只得电一个周期，如图 4-17 所示。

图　4-17

2）线圈的上升 / 下降沿指令：当检测 I0.0 的逻辑状态由 "0" 变为 "1" 时，将 M0.0/M0.1 状态设置为 "1"，Q0.0 状态为得电一个扫描周期；当 I0.0 由 "1" 变为 "0" 时，Q0.1 状态为得电一个扫描周期，如图 4-18 所示。

图　4-18

3）触发器沿指令：当检测到 I0.0 逻辑状态由 "0" 变为 "1" 时，将 M0.0/M0.1 状态设置为 "1"，Q0.0 状态为得电一个扫描周期；当 I0.0 由 "1" 变为 "0" 时，Q0.1 状态为得电一个扫描周期，如图 4-19 所示。

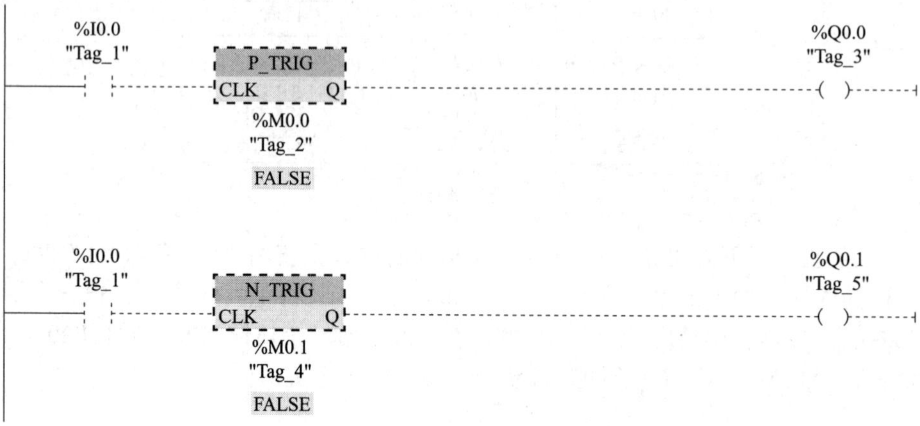

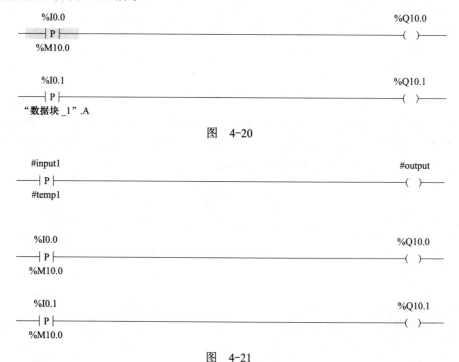

图 4-19

应注意在使用沿指令时，沿指令的上一扫描周期变量不能使用临时变量，多处沿指令的上一扫描周期变量的地址不能重复。沿指令的上一扫描周期变量的地址和其他地址不能重复，其正确的用法如图 4-20 所示。沿指令的错误用法是上一扫描周期变量使用了临时变量以及重复变量，如图 4-21 所示。

图 4-20

图 4-21

5. 基本位逻辑编程示例

1）点动：按下 I0.0，Q0.0 得电；松开 I0.0，Q0.0 断开，如图 4-22 所示。

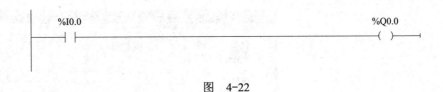

图 4-22

2）正反转互锁如图 4-23 所示。

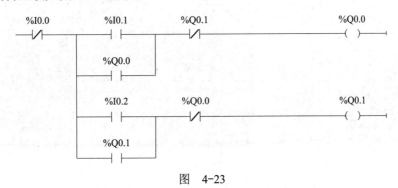

图 4-23

4.2　SIMATIC S7-1200 定时器、计数器指令

1. 定时器的使用

SIMATIC S7-1200 的定时器分为指令和线圈两种类型，其操作指令如图 4-24 所示。

定时器操作		V1.0
TP	生成脉冲	V1.0
TON	接通延时	V1.0
TOF	关断延时	V1.0
TONR	时间累加器	V1.0
-(TP)-	启动脉冲定时器	
-(TON)-	启动接通延时定时器	
-(TOF)-	启动关断延时定时器	
-(TONR)-	时间累加器	
-(RT)-	复位定时器	
-(PT)-	加载持续时间	

图 4-24

SIMATIC S7-1200 的定时器为 IEC（International Electrotechnical Commission，国际电工委员会）定时器，用户程序中可以使用的定时器数量仅受 CPU 的存储器容量限制。 使用定时器需要使用定时器相关的背景数据块或者数据类型为 IEC_Timer（TP Timer、TON Timer、TOF Timer、TONR Timer）的 DB 块变量，上述不同变量代表着不同的定时器。IEC 定时器格式为"T#5s"，其定时时间最长为 24 天 20 时 31 分 23 秒 648 毫秒。SIMATIC S7-1200 的 IEC 定时器没有定时器号，即没有 T0、T37 这种带定时器号的定时器。

2. 定时器的创建

在"项目树"中，将定时器指令直接拖入定时器中，自动生成定时器的背景数据块，该块位于"程序块"→"系统块"→"程序资源"中，如图 4-25 所示。

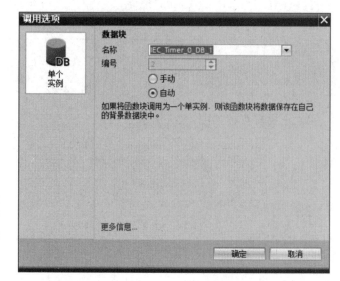

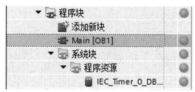

图 4-25

1）"TP"脉冲定时器如图 4-26 所示。当 I0.0 由"0"变"1"时，定时器开始计时，并且 Q0.0 的值为"1"；当 ET<30s 时，Q0.0 的值始终为"1"，I0.0 的变化不影响计时；当 ET=30s 时，停止计时，并且 Q0.0 的值为"0"。此时，若 I0.0 始终为"1"，则当前值保持；若 I0.0=0，则当前值清零。

如图 4-26 所示，按下 I0.0，"TP"定时器工作，Q0.0 得电，30s 后断开。

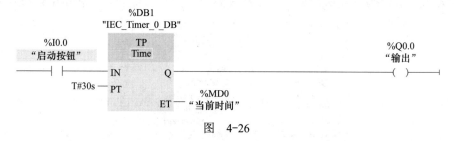

图 4-26

2）"TON"接通延时定时器如图 4-27 所示。当 I0.0=1 时，定时器开始计时，当到达 5s 时，Q0.0=1，停止计时并保持。在任意时刻，只要 I0.0 断开，定时器就复位，注意 Q 和 ET 引脚必须写一个，否则不计时。

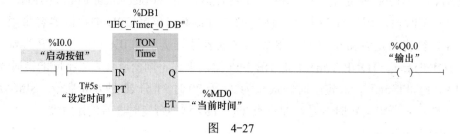

图 4-27

如图 4-28 所示，按下 I0.0，"TON"定时器定工作，5s 后 Q0.0 得电；按下 I0.1，Q0.0 失电。

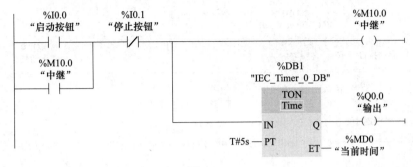

图　4-28

3）"TOF"断开延时定时器如图 4-29 所示。当 I0.0=1 时，Q0.0 为 "1"；当 I0.0 从 "1" 变为 "0" 时，定时器启动。当 ET=PT 时，Q0.0 立即为 "0"，停止计时并保持当前值。在任意时刻，只要 I0.0 变为 "1"，ET 就立即停止计时并回到 0。

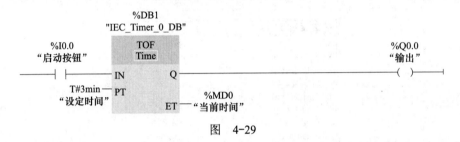

图　4-29

如图 4-30 所示，按下 I0.0，Q0.0 得电、Q0.1 也得电。按下 I0.1 "停止按钮"，Q0.0 失电，Q0.1 在 1min 后失电。

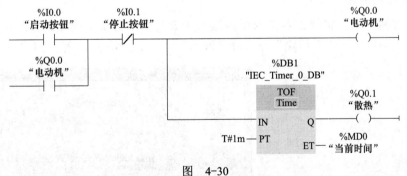

图　4-30

4）"TONR"保持型接通延时定时器如图 4-31 所示。当 I0.0 为 "0" 时，Q0.0 输出为 "0"；当 I0.0 从 "0" 变为 "1" 时，定时器启动。当 ET<PT 时，若 I0.0 为 "1"，则 ET 保持计时；若 I0.0 为 "0"，则 ET 立即停止计时并保持。当 ET=PT 时，Q0.0 立即输出为 "1"，ET 立即停止计时并保持，直到 I0.0 变为 "0"，ET 回到 0。在任意时刻，只要 R 为 "1"，Q0.0 输出为 "0"，ET 就立即停止计时并回到 0；当 R 从 "1" 变为 "0" 时，若此时 I0.0 为 "1"，则定时器启动。

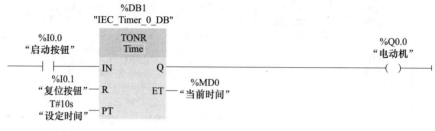

图　4-31

3. 计数器的使用

SIMATIC S7-1200 的计数器为 IEC 计数器，用户程序中可以使用的计数器数量仅受 CPU 的存储器容量限制。SIMATIC S7-1200 的计数器分为加减计数器、加计数器、减计数器，如图 4-32 所示。SIMATIC S7-1200 的 IEC 计数器没有计数器号，即没有 C0、C1 这种带计数器号的计数器）。

图　4-32

4. 计数器的创建

在"项目树"中，将计数器指令直接拖入计数器中，自动生成计数器的背景数据块，该块位于"程序块"→"系统块"→"程序资源"中，如图 4-33、图 4-34 所示。

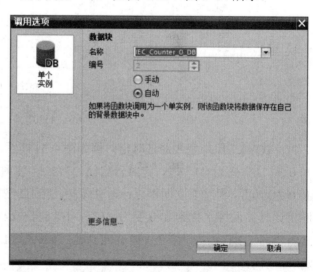

图　4-33　　　　　　　　　　　　　　图　4-34

用户可以直接在指令块上更改所需数据类型，如图 4-35 所示。

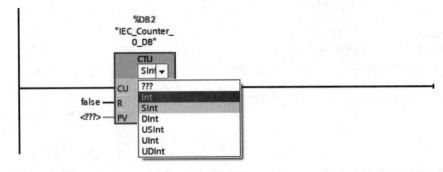

图 4-35

用整数类型来识别计数范围和计数器的类型，见表 4-1。

表 4-1

整数类型	计数器类型	计数器类型（TIA Portal V14 开始）			计数范围
SINT	IEC_SCOUNTER	CTU_SINT	CTD_SINT	CTUD_SINT	−128 ～ 127
INT	IEC_COUNTER	CTU_INT	CTD_INT	CTUD_INT	−32 768 ～ 32 767
SINT	IEC_DCOUNTER	CTU_DINT	CTD_DINT	CTUD_DINT	−2 147 483 648 ～ 2 147 483 647
USINT	IEC_USCOUNTER	CTU_USINT	CTD_USINT	CTUD_USINT	0 ～ 255
UINT	IEC_UCOUNTER	CTU_UINT	CTD_UINT	CTUD_UINT	0 ～ 65 535
UDINT	IEC_UDCOUNTER	CTU_UDINT	CTD_UDINT	CTUD_UDINT	0 ～ 4 294 967 295

1）"CTU"加计数器：当 CU 从"0"变为"1"时，CV 的值增加 1；当 CV=PV 时，Q 的输出为"1"。当 CU 从"0"变为"1"时，Q 保持输出为"1"，CV 的值继续增加，直到达到计数器指定整数类型的最大值。在任意时刻，只要 R 为"1"，Q 输出出"0"，CV 就立即停止计数并回到 0，如图 4-36 所示。

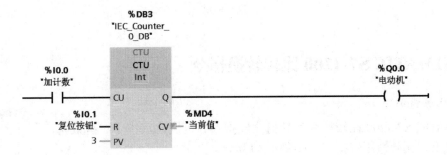

图 4-36

2）"CTD"减计数器：首先要装载 LD，然后进行减计数。当 CD 从"0"变为"1"时，CV 的值减少 1；当 CV=0 时，Q 输出为 1。当 CD 从"0"变为"1"时，Q 保持输出为"1"，CV 的值继续减少，直到达到计数器指定整数类型的最小值。在任意时刻，只要 LD 为"1"，Q 输出为"0"，CV 就立即停止计数并回到 PV 值，如图 4-37 所示。

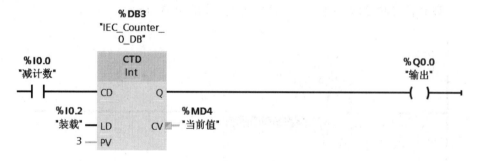

图　4-37

3）"CTUD"加减计数器：当 CU 从"0"变为"1"时，CV 的值增加 1；当 CD 从"0"变为"1"时，CV 的值减少 1。当 CV>=PV 时，QU 输出为"1"；当 CV<PV 时，QU 输出为"0"。当 CV<=0 时，QD 输出为"1"；当 CV>0 时，QD 输出为"0"。CV 的上、下限取决于计数器指定整数类型的最大值与最小值。在任意时刻，只要 R 为"1"，QU 输出为"0"，CV 就立即停止计数并回到 0；只要 LD 为"1"，QD 输出为"0"，CV 就立即停止计数并回到 PV 值，如图 4-38 所示。

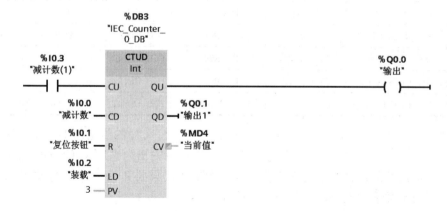

图　4-38

4.3　SIMATIC S7-1200 比较转换指令

1．比较指令

SIMATIC S7-1200 比较指令包括值比较指令、范围比较指令、有效性比较指令、无效性比较指令，如图 4-39 所示。

① "CMP=="：等于。

② "CMP<>"：不等于。

③ "CMP>="：大于或等于。

④ "CMP<="：小于或等于。

⑤ "CMP>"：大于。

⑥ "CMP<"：小于。

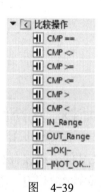

图　4-39

⑦ "IN Range"：值在范围内。

⑧ "OUT Range"：值在范围外。

⑨ "-|OK|-"：检查有效性。

⑩ "-|NOT_OK…"：检查无效性。

1）CMP 值比较指令分为六种，如图 4-40 所示。比较指令在程序中只是作为条件来使用，用来比较 MW0 与 MW2 两个数值的大小，当 MW0 和 MW2 满足关系时，能流通过，如图 4-41 所示。

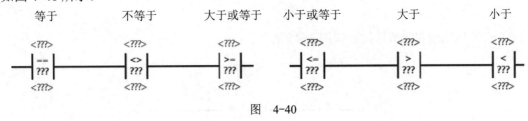

图　4-40

图　4-41

2）范围比较（区间比较）分为范围内的区间比较（IN_RANGE）和范围外的区间比较（OUT_RANGE），如图 4-42 所示。对于范围内的区间比较，当 MIN<=VAL<=MAX 时，"IN_RANGE"有信号输出，如图 4-43 所示；而对于范围外的区间比较，当 MIN>VAL 或 VAL>MAX 时，"OUT_RANGE"有输出信号，如图 4-44 所示。即使指定的 Real 数据类型的操作数为无效值，"OUT_RANGE"也有输出信号。

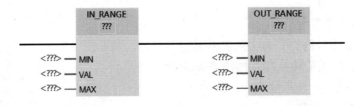

图　4-42

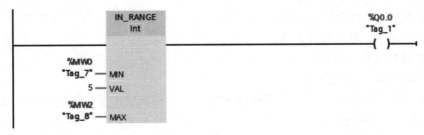

图　4-43

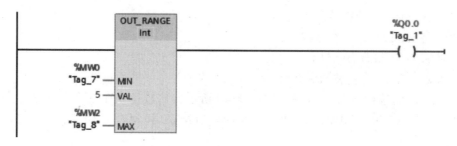

图 4-44

3）有效性比较和无效性比较如图 4-45 所示。

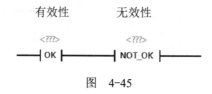

图 4-45

检查有效性，如果 MD4 的值是浮点数，则 Q0.0 闭合，如图 4-46 所示。

```
      %MD4                                           %Q0.0
     "Tag_9"                                        "Tag_1"
     ┤ OK ├                                          ( )
```

图 4-46

检查无效性，如果 MD4 的值不是浮点数，则 Q0.0 闭合，如图 4-47 所示。

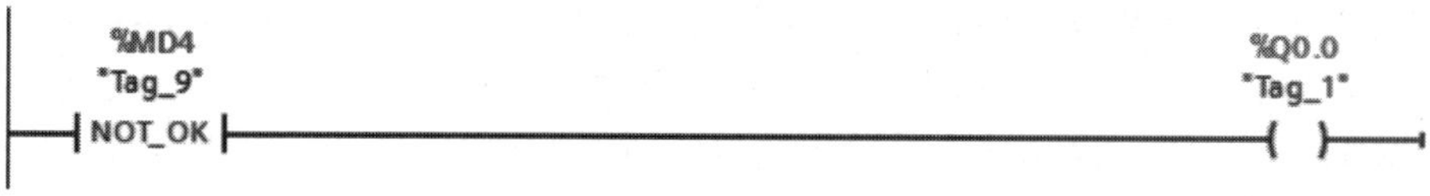

```
      %MD4                                           %Q0.0
     "Tag_9"                                        "Tag_1"
    ┤ NOT_OK ├                                       ( )
```

图 4-47

2. 数据转换操作指令

当指令所需要的数据类型与实际数据类型不符时，需要使用转换指令进行转换，常用的转换指令如图 4-48 所示。

① "CONVERT"：转换值指令。

② "ROUND"：取整。

③ "CEIL"：浮点数上取整。

④ "FLOOR"：浮点数下取整。

⑤ "TRUNC"：截取尾数取整。

⑥ "SCALE_X"：缩放。

⑦ "NORM_X"：标准化。

图 4-48

1）"ROUND" 取整指令：将浮点数进行四舍五入，可以选择想要得到的数据类型，如 7.5 取整后得到 8，如图 4-49 所示。

2）"TRUNC" 截尾取整指令：把输入的浮点数直接舍弃小数进行取整，如 7.6 取整后得到 7，如图 4-50 所示。

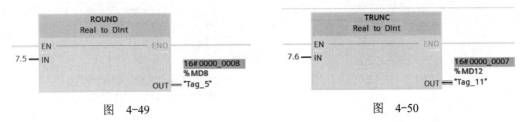

图 4-49　　　　　　　　　　　　　　　图 4-50

3）"CEIL"浮点数向上取整指令：不论小数点后的数字是几，都直接进位取整，如 7.5 向上取整得到结果 8.0，如图 4-51 所示。

4）"FLOOR"浮点数向下取整指令：把浮点数直接舍弃小数取整，如 7.5 向下取整得到结果 7.0，如图 4-52 所示。

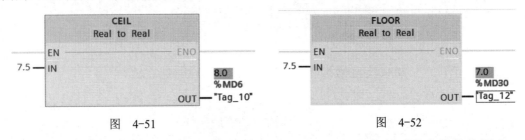

图　4-51　　　　　　　　　　　　　　图　4-52

5）"SCALE_X"缩放指令：通过将输入"VALUE"的值映射到指定的值范围内，对该值进行缩放。当执行缩放指令时，输入"VALUE"的浮点值会缩放到由参数"MIN"和"MAX"定义的范围内，缩放结果为整数，存储在"OUT"输出中，其中 0.0<= "VALUE" <=1.0，相当于百分比，如图 4-53 所示。

缩放指令的计算公式：OUT = [VALUE * (MAX − MIN)] + MIN。例如，如果"MIN"为"0.0""MAX"为"100.0"，"VALUE"为"0.5"，则"OUT"= "50.0"，输入是一个百分比，输出是对应的实际值，如图 4-54 所示。

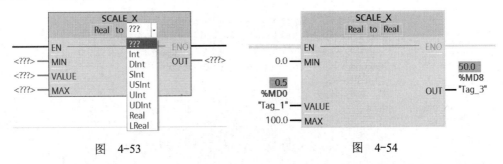

图　4-53　　　　　　　　　　　　　　图　4-54

6）"NORM_X"标准化（与缩放相反）指令：定义上下限、输入实际值，输出为对应的百分比，如图 4-55 所示。

标准化指令的计算公式：OUT = (VALUE − MIN) / (MAX − MIN)。例如，如果下限为"0"，上限为"27 648"，"VALUE"值为"13 824"，则 OUT =0.5，是 27 648 的 50%，如图 4-56 所示。

标准化指令与缩放指令常用于模拟量转换操作。

①模拟量输入转换操作：先把模拟量输入，转换成 0 ~ 27 648 之间的值，然后根据实际工程值的上下限，转换成实际工程值，如图 4-57 所示。

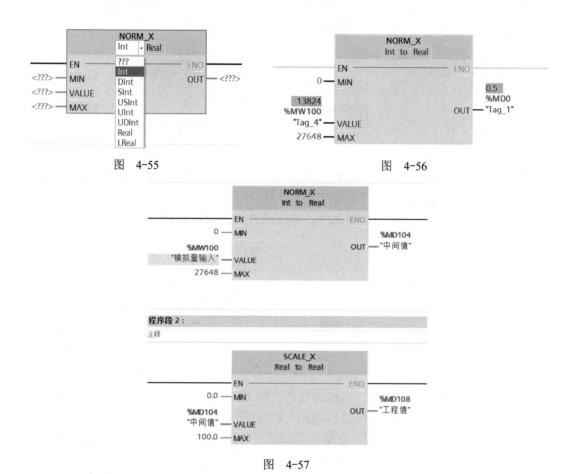

图　4-55

图　4-56

图　4-57

② 模拟量输出转换操作：先把实际工程值输入，转换成 0 ～ 50 的百分比，然后根据模拟值的上下限 0 ～ 27648，转换成输出模拟值，如图 4-58 所示。

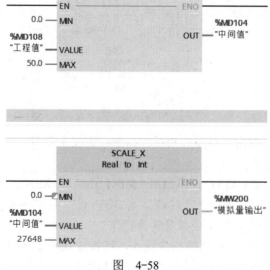

图　4-58

4.4　SIMATIC S7-1200 移动指令和数学函数

1. 移动指令

常见的移动指令有传送指令、块传送指令和交换指令，如图 4-59 所示。

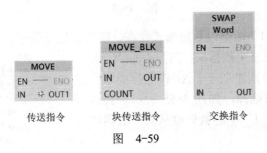

图　4-59

1）"MOVE"传送指令：将 IN 输入处操作数中的内容传送给 OUT1 输出的操作数中，数据源保持不变。单击指令下方的 ❖ 可添加多个输出引脚，如图 4-60 所示。

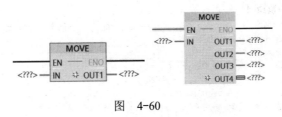

图　4-60

例如，将 32 分别传送至 MB0、MB1、MB2、MB3，如图 4-61 所示。传送指令既可以一个数据传给单个地址，也可以传给多个地址。如果不想使用额外添加的引脚，则可以选中引脚右击删除，如图 4-62 所示。

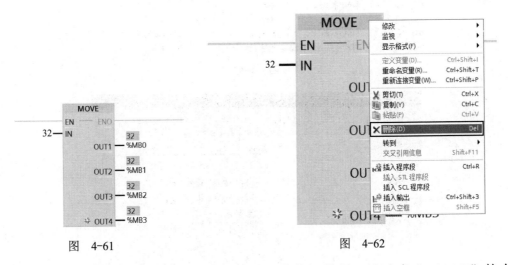

图　4-61　　　　　　　　　　　　　　图　4-62

2）"MOVE_BLK"块传送指令：输入 IN 的数组数据，以对应"CONUT"的个数CONUT，传送到 OUT 的数组数据中，如图 4-63 所示。将"数据块 _2"中的第 1、2、3 个字节传送至"数据块 _3"中的第 1、2、3 个字节当中。

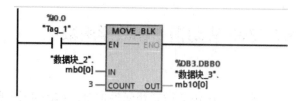

图 4-63

因为"IN"和"OUT"端都以数组形式存在，所以需建立数组。首先，打开"程序块"，选择"添加新块"，建立三个数据块，如图 4-64 所示。其次，在三个数据块中分别建立一个 Array 数据类型，可以根据自己的需要来选择，如图 4-65 所示。块传送指令就是将"数据块 _1"中的数据传从到"数据块 _2"中。

图 4-64

如果用户建立的数据块没有偏移量和监视值，则需打开该数据块"属性"，勾选"优化的块访问"，如图 4-66 所示。

数据块_1

		名称	数据类型	偏移量	起始值
1	▼	Static			
2	■ ▼	Static_1	Array[0..3] of Int	0.0	
3	■	Static_1[0]	Int	0.0	0
4	■	Static_1[1]	Int	2.0	0
5	■	Static_1[2]	Int	4.0	0
6	■	Static_1[3]	Int	6.0	0

数据块_2

		名称	数据类型	偏移量	起始值
1	▼	Static			
2	■ ▼	mb0	Array[0..3] of Byte	0.0	
3	■	mb0[0]	Byte	0.0	1
4	■	mb0[1]	Byte	1.0	2
5	■	mb0[2]	Byte	2.0	3
6	■	mb0[3]	Byte	3.0	4

图 4-65

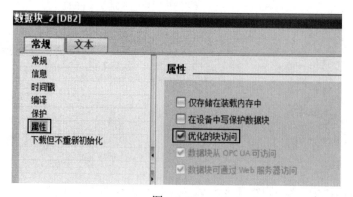

图 4-66

3）交换指令"SWAP"：将%MW10的数据进行交换，输出给%MW12，如果%MB10为27，%MB11为13则进行交换的结果为%MB12为13，%MB13为27，如图4-67所示。

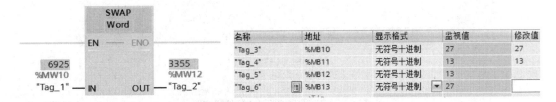

图　4-67

2. 数学函数

数学函数用于对数据进行运算，如，四则运算、计算绝对值、获取极限值、三角函数、递增递减以及方程式等，如图4-68所示。

1）"CALCULATE"计算指令：根据所选数据类型做数学运算或复杂逻辑运算，即编写算法公式。首先，单击"???"，选择数据类型，如图4-69所示。其次，建立变量表，如图4-70所示。最后选择指令框上方的■按钮打开对话框，在"OUT"文本框中编写算法或公式 $y=ax^2+bx+c$ 的计算，注意不能用具体的地址。当 a=2，b=2，c=3，x=4 时，由 $y=ax^2+bx+c$ 得出 y=27，如图4-71所示。

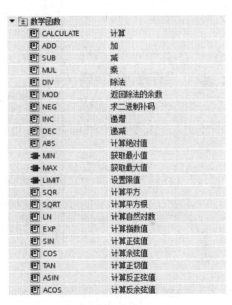

图　4-68

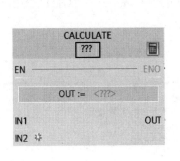

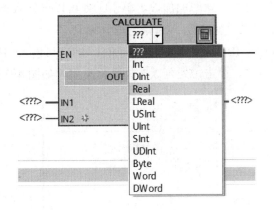

图　4-69

		名称	数据类型	地址	保持	从 H...
1		A	Real	%MD18	☐	☑
2		B	Real	%MD22	☐	☑
3		C	Real	%MD26	☐	☑
4		X	Real	%MD30	☐	☑
5		Y	Real	%MD34	☐	☑
6		<新增>			☐	☑

变量表_1

图 4-70

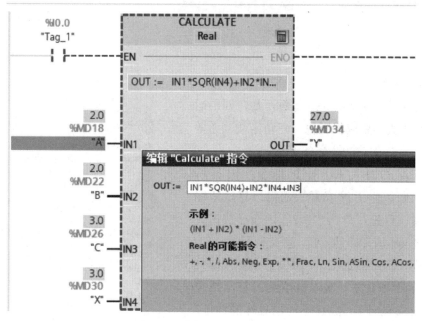

图 4-71

2）"ADD"加指令：将输入"IN1"的值与输入"IN2"的值相加，并由"OUT"输出（OUT= IN1+IN2）。SIMATIC S7-1200 与 SIMATIC S7-200 SMART 不同的是，SIMATIC S7-1200 可以任意增加加数。单击①处可以选择数据类型，单击②处可以选择运算指令，单击③处可以增加加数，如图 4-72 所示。

3）"SUB"减指令：将输入"IN1"的值与输入"IN2"的值相减，并由"OUT"输出（OUT= IN1-IN2）。单击①处可以选择数据类型，如图 4-73 所示。

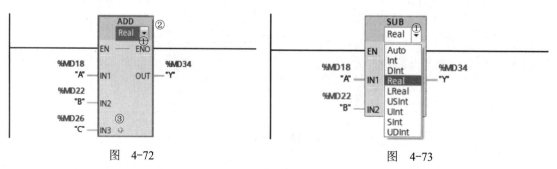

图 4-72   图 4-73

4）"MUL"乘指令：将输入 IN1 的值与输入 IN2 的值相乘，并由"OUT"输出（OUT=IN1*IN2）。SIMATIC S7-1200 与 SIMATIC S7-200 SMART 不同的是，SIMATIC S7-1200 可以任意增加乘数。单击①可以选择数据类型，单击②可以选择运算指令，单击③可以增加乘数，如图 4-74 所示。

5）"DIV"除法指令：将输入 IN1 的值与输入 IN2 的值相除，并由"OUT"输出（OUT=IN1÷IN2）。单击①可以选择数据类型，如果运算为整数除法，除不尽时将保留商的整数部分舍去余数，如图 4-75 所示。

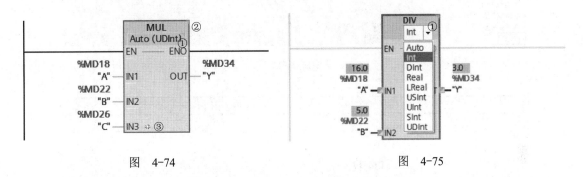

图　4-74　　　　　　　　　　　　　　　　图　4-75

6）"MIN"获取最小值指令：比较多个输入值，将最小的数输出到 OUT 中。此运算最少需要指定两个输入值，最多可以指定 100 个输入值。单击①可以选择数据类型，单击②可以选择更换指令，单击③可以增加比较数量，如图 4-76 所示。

7）"MAX"获取最大值指令：比较多个输入值，将最大的数输出到 OUT 中。此运算最少需要指定两个输入值，最多可以指定 100 个输入值。单击①可以选择数据类型，单击②可以选择更换指令，单击③可以增加比较数量，如图 4-77 所示。

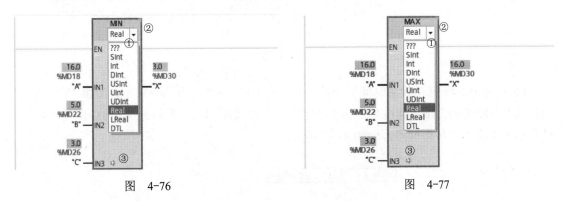

图　4-76　　　　　　　　　　　　　　　　图　4-77

3. 日期与时间指令、读取实时时钟

系统时间（System Time）为柏林时间，本地时间（Local Time）是根据 SIMATIC S7-1200 CPU 所处时区设置的本地标准时间。在 CPU 属性中"常规"选项卡内选择"时间"，可以查看默认本地时间，如图 4-78 所示。若要更改 PLC 的时间，则可在 CPU 属性中"常规"选项卡内选择"时间"，在"本地时间"的"时区"中选择要设置的时区，如图 4-79 所示。

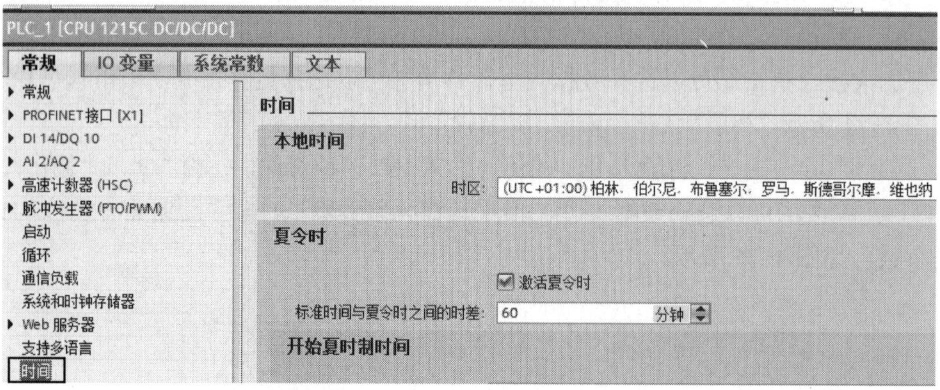

图 4-78

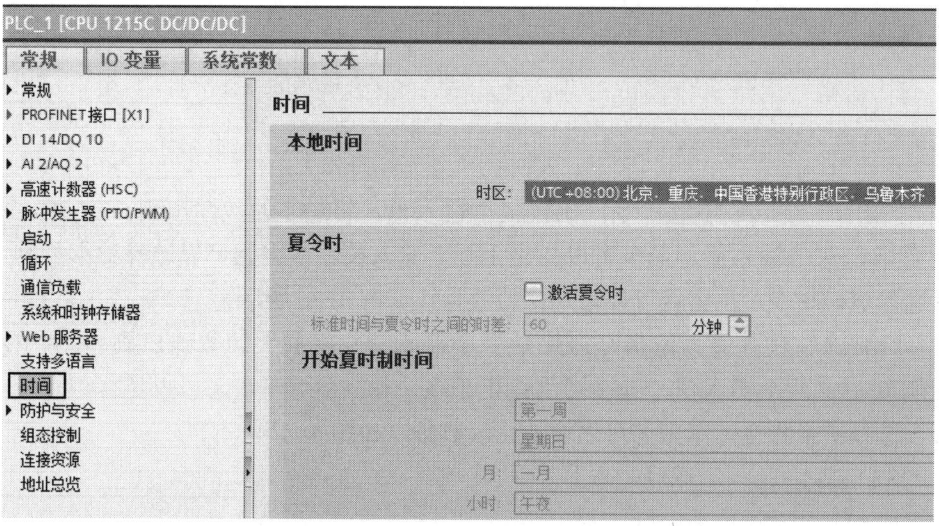

图 4-79

1）设定 PG 与 PLC 设备时间同步：首先选择 CPU → "在线和诊断"，如图 4-80 所示。然后从"在线访问"项目组中，选择"功能"→"设置时间"，再勾选"从 PG/PC 获取"，最后单击"应用"按钮即可，如图 4-81 所示。

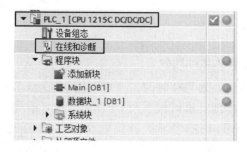

图 4-80

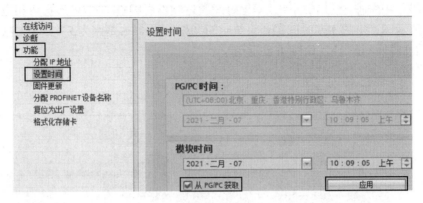

图　4-81

2）PLC 实时时钟：在 CPU 断电时，使用 PLC 内部的超级电容来保证实时时钟的运行，实时时钟保持时间通常为 20 天，环境温度达到 40℃时至少为 12 天。如果想要保持更久的时间，则可以选择 BB 1297 电池板，其一般可以保持大约 1 年时间。读取 PLC 的实时时钟，在"扩展指令"里面的"时钟功能"中选择 RD_LOC_T 指令，如图 4-82 所示。

▼ 扩展指令		
名称	描述	版本
▼ ▭ 日期和时间		V2.2
▦ T_CONV	转换时间并提取	V1.2
▦ T_ADD	时间相加	V1.2
▦ T_SUB	时间相减	V1.2
▦ T_DIFF	时差	V2.1
▦ T_COMBINE	组合时间	V1.2
时钟功能		
▦ WR_SYS_T	设置时间	V1.0
▦ RD_SYS_T	读取时间	V1.0
▦ RD_LOC_T	读取本地时间	V1.0
▦ WR_LOC_T	写入本地时间	V1.2

图　4-82

3）读取 SIMATIC S7-1200 CPU 的系统 / 本地时钟指令的使用：首先在 DB 块中创建数据类型为 DTL（时间和日期）的变量数据，默认由年、月、日、周、小时、分、秒、纳秒组成，UInt 为无符号整数，如图 4-83 所示。

	名称		数据类型	起始值	监视值
▭	▼ Static				
▭	■ ▼ Static_1		DTL	DTL#1970-01-01...	DTL#2021-02-07-0...
▭	■	YEAR	UInt	1970	2021
▭	■	MONTH	USInt	1	2
▭	■	DAY	USInt	1	7
▭	■	WEEKDAY	USInt	5	1
▭	■	HOUR	USInt	0	3
▭	■	MINUTE	USInt	0	34
▭	■	SECOND	USInt	0	52
▭	■	NANOSECOND	UDInt	0	475_795_000

图　4-83

4）在 OB1 中编程，读出的系统 / 本地时间通过输出引脚 OUT 放入数据块相应的变量中，如图 4-84 所示，读出的本地时间①和系统时间②相差 1h，这是因为 S7-1200 CPU 所设置的时区与①柏林时间相差 1h，如图 4-85 所示。

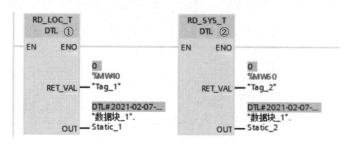

数据块_1

	名称	数据类型	起始值	监视值	保持
	▼ Static				
	▼ Static_1	DTL	DTL#1970-01-01-	DTL#2021-02-07-0...	☐
	YEAR	UInt	1970	2021	☐
	MONTH	USInt	1	2	☐
	DAY	USInt	1	7	☐
	WEEKDAY	USInt	5	1	☐
	HOUR	USInt	0	3 ①	☐
	MINUTE	USInt	0	48	☐
	SECOND	USInt	0	45	☐
	NANOSECOND	UDInt	0	853_336_000	☐
	▼ Static_2	DTL	DTL#1970-01-01-	DTL#2021-02-07-0...	☐
	YEAR	UInt	1970	2021	☐
	MONTH	USInt	1	2	☐
	DAY	USInt	1	7	☐
	WEEKDAY	USInt	5	1	☐
	HOUR	USInt	0	2 ②	☐
	MINUTE	USInt	0	48	☐
	SECOND	USInt	0	45	☐
	NANOSECOND	UDInt	0	854_200_000	☐

图 4-84

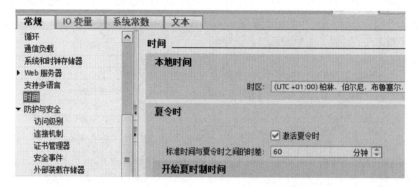

图 4-85

第 5 章　SIMATIC S7-1200 程序架构

5.1　SIMATIC S7-1200 程序结构

1. SIMATIC S7-1200 CPU 的编程方法

SIMATIC S7-1200 CPU 的编程方法分为线性化编程、模块化编程和结构化编程。

1）线性化编程：将整个用户程序都放在循环组织块 OB1 中，CPU 循环扫描时不断地依次执行 OB1 中的全部指令。线性化编程的特点是结构比较简单（无分支），一个程序块包含系统的所有指令，但是由于程序结构不清晰，会造成管理和调试的不便。

2）模块化的编程：将程序根据功能分为不同的逻辑块，在 OB1 中可以根据条件来决定块的调用和执行。由于 OB1 只有在需要时才调用相关的程序块，因此每次循环中不是所有的块都执行，这样大大提高了 CPU 的利用率。

3）结构化编程：将过程要求类似或相关的任务归类，在相应的程序块中编程，可以在 OB1 或其他程序块中调用，而且被调用块和调用块之间有数据交换，这就需要对数据进行管理。

在 SIMATIC S7-200 SMART 中，程序结构分三类：第一类是一个主程序；第二类是最多 128 个子程序，子程序嵌套（即子程序调用子程序）最多 8 层；第三类是中断程序，中断程序嵌套最多 4 层。多次调用子程序时，不能使用定时器、计数器等全局变量。

在 SIMATIC S7 软件的编程中采用了块的概念，即将程序分解为独立的自成体系的各个部件，块类似于子程序的功能，但类型更多、功能更强大。在工业控制中，程序往往是非常庞大且复杂的，采用块的概念便于大规模的程序设计和理解，也可以设计标准化的块程序进行重复调用。在 SIMATIC S7-1200 中支持如图 5-1 所示类型的代码块，使用它们可以创建有效的用户程序结构。各种程序块如图 5-2 所示。

图　5-1

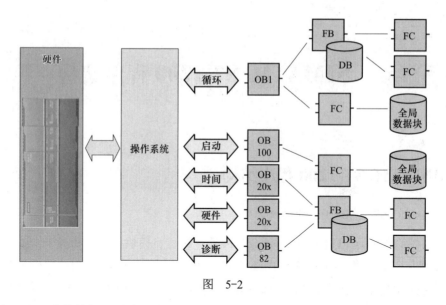

图 5-2

如果 DB、FC 的数据需要存储，则需要用全局 DB。在程序中，当一个代码块调用另一个代码块时，CPU 会执行被调用中的程序代码，执行完后，CPU 继续执行调用块，也可以进行块的嵌套调用，以实现更加模块化的结构。组织块 OB 是由操作系统调用的程序块，OB 对 CPU 中的特定事件进行响应，并可中断用户程序的执行，无论是 Time OB20x 还是硬件 OB20x 它们都有自己的范围，比如时间 OB20x 其中 20x 是 OB 号，OB 数目最多 4 个，也就是 OB20、OB21、OB22、OB23。具体的 OB 事件参考软件帮助进行查看。

FC、FB 里的一些参数：①常数是固定不变的数（如 π），可以定义符号，而变量则没有固定的值；②有存储地址及数据类型，结果只能使用真实的值；③形参出现在子程序的接口中，不是实际的值，也不是实际的变量，是一个虚拟的变量，没有实际的值和地址，使用时必须在调用子程序中赋值参数，实参则可以是常数；④临时变量仅在子程序调用时产生，运算完成或者执行完子程序后，数据不保存；⑤静态变量仅在 FB 的接口中出现，由专用的背景数据块存储，运算完成后数据不丢失；⑥全局变量可以在程序的任何地方访问，所有块都可以访问，如 I、Q、M、DB。

FC 是不含存储区的代码块，常用于对一组输入值执行特定运算，如可使用 FC 执行标准运算和可重复使用的运算（如数学计算）或者执行工艺功能（如使用位逻辑运算执行独立的控制）。FC 也可以在程序中的不同位置多次调用，简化了对经常重复发生的任务的编程。通常，函数会计算函数值，可以通过输出参数 RET_VAL 将此函数值返回给调用块。为此，必须在函数的接口中标明输出参数 RET_VAL，RET_VAL 始终是函数的首个输出参数。FC 没有相关的背景数据块（DB），没有可以存储块参数值的数据存储器，因此，调用函数时，必须给所有形参分配实参。对于用于 FC 的临时数据，FC 采用了局部数据堆栈，不保存临时数据，需要永久性存储数据时，可将输出值赋给全局存储器位置，如 M 存储器或全局 DB。

2. 子程序的创建

子程序可分为带参数子程序和不带参数子程序。以控制星形－三角形联结的电动机起动编程（以下简称星三角程序）为例，创建一个不带参数子程序。

1）单击"添加新块"，然后选择创建 FC，如图 5-3 所示。

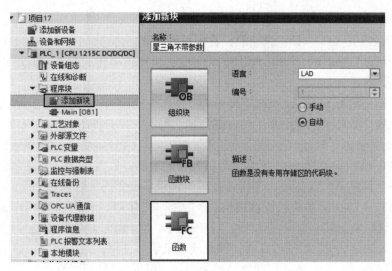

图 5-3

2）在 FC 1 中编写星三角程序，如图 5-4 所示。

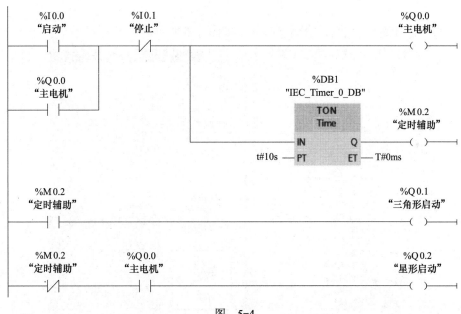

图 5-4

3）在 OB1 中调用 FC1，如图 5-5 所示。将 FC1 直接拖拽到"Main[OB1]"，下载程序进行测试。

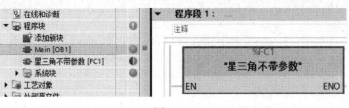

图 5-5

3. FC 的接口参数

1）输入参数（Input）只读：调用时，将用户程序数据传递到 FC 中，实参可以为常数。

2）输出参数（Output）读写：调用时，将 FC 执行结果传递到用户程序中，实参不能为常数，应是地址。

3）输入 / 输出参数（InOut）：在块调用之前读取输入 / 输出参数，并在块调用之后写入，实参不能为常数。如果子程序里要用到自锁、多次调用时，只能用 Input，不能用 Output。

4）临时局部数据（Temp）：仅在 FC 调用时生效。CPU 限定只有创建或标明临时存储单元的 OB、FC 或 FB，才可以访问临时存储器中的数据。临时存储单元是局部有效的，且其他代码块不会共享临时存储器，即使在代码块调用其他代码块时也是如此。例如，当 OB 调用 FC 时，FC 无法访问对其进行调用的 OB 的临时存储器。一般 CPU 根据需要分配临时存储器。启动代码块（OB）或调用代码块（FC 或 FB）时，CPU 将为代码块分配临时存储器，并将存储单元初始化为 0，即临时存储。注意要先赋值后使用。

5）常量（Constant）只读：标明常量符号名后，FC 中可以使用符号名代替常量。

4. FC 带参数子程序的创建

创建 FC 带参数子程序时，首先定义带参数子程序的变量，确定好输入、输出状态后再进行编程。

1）单击"添加新块"然后选择创建 FC，如图 5-6 所示。

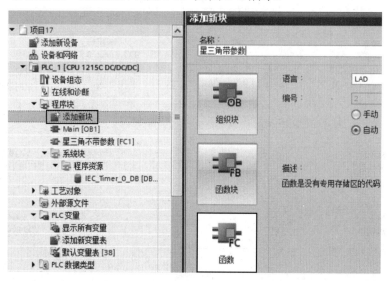

图 5-6

2）打开变量表，如图 5-7 所示。

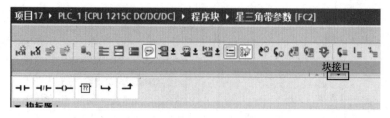

图 5-7

3）定义"星三角带参数"中的接口变量,如图 5-8 所示。

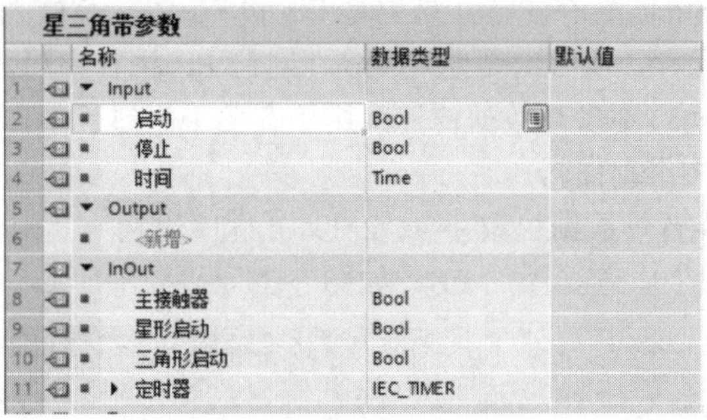

		名称	数据类型	默认值
1	▼	Input		
2	■	启动	Bool	
3	■	停止	Bool	
4	■	时间	Time	
5	▼	Output		
6		<新增>		
7	▼	InOut		
8	■	主接触器	Bool	
9	■	星形启动	Bool	
10	■	三角形启动	Bool	
11	■ ▶	定时器	IEC_TIMER	

图 5-8

4）在 FC2 中编写星三角程序,如图 5-9 所示。

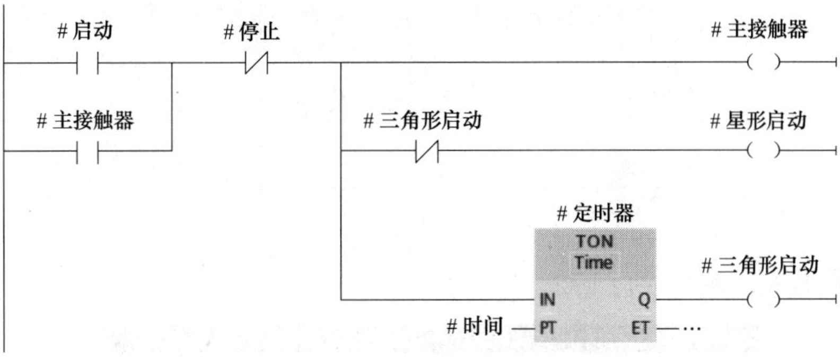

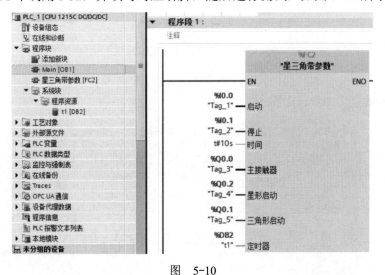

图 5-9

5）在 OB1 中调用 FC2,并填写对应引脚,随后进行测试,如图 5-10 所示。

图 5-10

5. FB 函数块的使用

FB 带存储区的函数块类似于子程序,它仅在其他程序中调用执行。需要注意的是,如果调用 FB,FB 一定要为指定背景数据块,而且赋予 FB 的参数和静态变量都永久保存在背景数据块中，即使在 FB 执行完以后，这些值仍然有效，只有临时变量里的数据会丢失。

　　只有函数块 FB 有 Static 静态变量，这也是 FB 和 FC 的一个最大区别。静态变量在其对应 FB 执行完后数据会保存，而临时变量 Temp 在对应 FB 执行完后数据就会清除。Static 静态变量在接口中可读可写，不参与数据传递，用于存储中间过程值，可被其他程序块访问，其作用相当于中继或者中继存储器。

　　用 FB 函数块与 DB 背景数据块做 $y=ax^2+bx+c$ 程序为例，其操作方法如下。

1）单击"添加新块"，选择添加 FB，如图 5-11 所示。

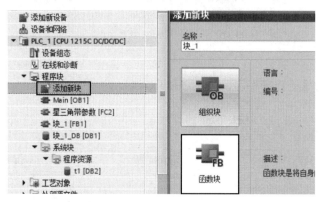

图　5-11

2）打开变量表，如图 5-12 所示。

图　5-12

3）定义函数接口变量，如图 5-13 所示。

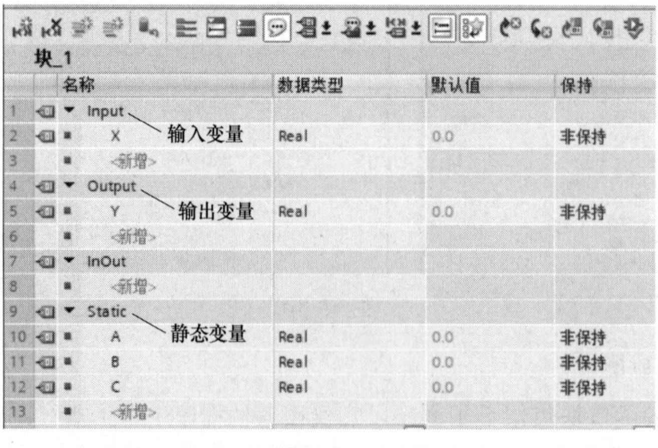

图　5-13

4）在 FB 中编写计算函数程序，如图 5-14 所示。

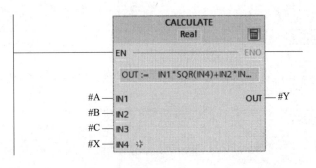

图　5-14

5）在 OB1 中调用 FB，填写对应引脚。在 OB1 中，对静态变量 A、B、C 进行赋值和测试，如图 5-15 所示。但需注意数据类型的设定（或选用）。

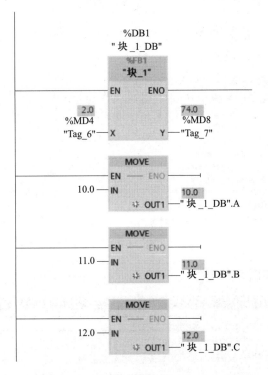

图　5-15

6.　库的建立与使用

TIA Portal 软件提供了强大的库功能，可以将需要重复使用的元素存储在其中，该元素可以是程序块、数据块、硬件组态等。在软件中每个项目都包含一个项目库，其用于存储项目中多次使用的元素，除了项目库，TIA Portal 还可以创建任意多的全局库。用户可以将项目库或项目中的元素添加到全局库中，也可以在项目中使用全局库中的对象。

1）在右侧指令标签中，选择"库"，打开"项目库"和"全局库"，如图 5-16 所示。"项目库"仅对当前项目生效，而"全局库"对所有项目生效。

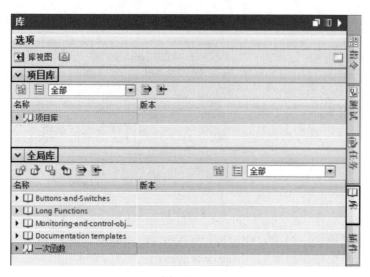

图 5-16

2）利用之前用 FB 函数块和 DB 背景数据块编写的 y=ax^2+bx+c 程序创建库。单击"创建新全局库"按钮，如图 5-17 所示。

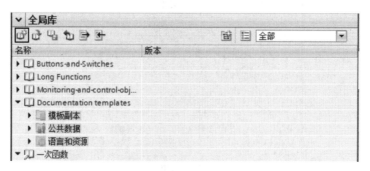

图 5-17

3）更改库名称，如图 5-18 所示。

图 5-18

4）生成库项目中"类型"是执行用户程序所需要的元素，如 FC、FB、UDT 元素可作为类型存储在项目库或全局库中。这些元素可以嵌套，但在 FC、FB 中不可以出现全局变量，如图 5-19 所示。

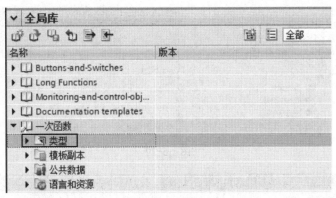

图　5-19

5）将"块_1 [FB1]"拖拽至"全局库"中的"模板副本"下，以后就可以在此处进行多次调用，如图5-20所示。

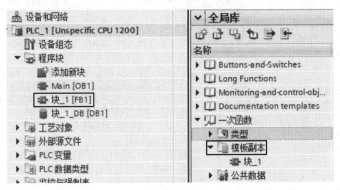

图　5-20

5.2　SIMATIC S7-1200 组织块与事件

组织块 OB 是操作系统和用户程序之间的接口，可以通过对组织块编程来创建 PLC 在特定时间执行的程序，以及相应特定事件的程序。SIMATIC S7-1200 具有七种组织块：程序循环组织块、启动组织块、延时中断组织块、循环中断组织块、硬件中断组织块、时间错误中断组织块和诊断错误中断组织块，如图5-21所示。

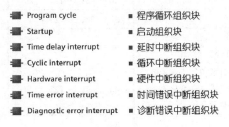

Program cycle	■ 程序循环组织块
Startup	■ 启动组织块
Time delay interrupt	■ 延时中断组织块
Cyclic interrupt	■ 循环中断组织块
Hardware interrupt	■ 硬件中断组织块
Time error interrupt	■ 时间错误中断组织块
Diagnostic error interrupt	■ 诊断错误中断组织块

图　5-21

1）打开组织块信息进行查看，如图5-22所示。当启动某些组织块时，操作系统将输出启动信息；当用户编写组织块程序时，这些启动信息可以对事件进行相应处理，如图5-23所示。

图　5-22

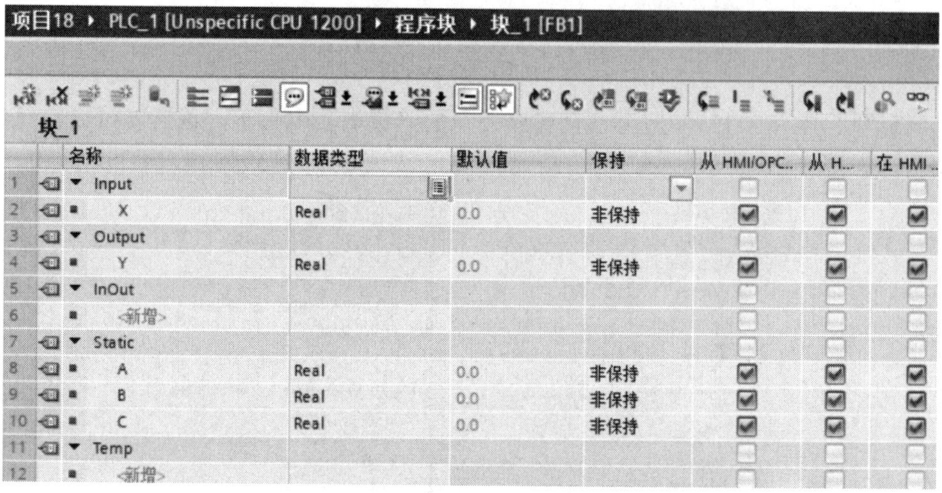

图　5-23

2）OB 组织块分为三个优先组。高优先组中的组织块可中断低优先组中的组织块，如果同一个优先组中的组织块同时触发，将按其优先级由高到低进行排队，然后依次执行；如果同一个优先级中的组织块同时触发，将按 OB 组织块的编号由小到大依次执行，见表 5-1。

表　5-1

事件名称	数量	OB 组织块编号	优先级	优先组
程序循环	>=1	1；>=123	1	1
启动	>=1	100；>=123	1	
延时中断	<=4	20～23；>=123	3	2
循环中断	<=4	30～38；>=123	7	
沿中断（硬件中断）	16 个上升沿 16 个下降沿	40～47；>=123	5	
HSC（高速计数器）中断（硬件中断）	6 个计数值等于参考值 6 个计数方向变化 6 个外部复位	40～47；>=123	6	
诊断错误中断	=1	82	9	
时间错误中断	=1	80	26	3

1. 启动组织块

启动组织块在 CPU 从 STOP 模式切换到 RUN 模式期间执行一次；启动组织块一般用

于编写初始化程序，如赋初始值；可以使用多个启动组织块。SIMATIC S7-1200 CPU 中支持多个启动 OB，按照编号顺序（由小到大）依次执行，OB100 是默认设置，其他启动 OB 的编号必须大于或等于 123。

　　例如：在启动 OB100 时，向 MW100 赋初始值 100；当条件 I0.0 = 1 时，为 MW102 赋初始值 200。

　　1）在"程序块"中单击"添加新块"，然后选择"OB 组织块"，再选择"Startup"，如图 5-24 所示。

图　5-24

　　2）在 OB100 中编程，如图 5-25 所示。

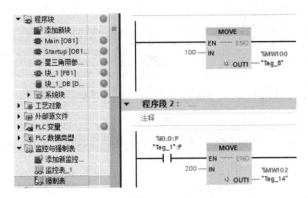

图　5-25

　　由于启动 OB 在执行过程中不更新过程映像区，所以读到的过程映像数值均为 0。因此，要在启动模式下读取物理输入的当前状态，必须对输入执行立即读取操作，如"I0.0：P"。

　　如果程序段 2 中使用的是 I0.0，则程序段 2 中的指令将不会执行。程序下载后，在监控表中查看 MW100、MW102 的数据，如图 5-27 所示。

　　3）当硬件输入 I0.0 为 0，CPU 上电启动或从 STOP 模式切换到 RUN 模式操作时，首先执行 OB100，即 MW100 被赋值 100，MW102 未被赋值 200，如图 5-26 所示。

图　5-26

　　4）当硬件输入 I0.0 为 1，CPU 上电启动或从 STOP 模式切换到 RUN 模式操作时，首先执行 OB100，即 MW100 被赋值 100，MW102 被赋值 200，如图 5-27 所示。

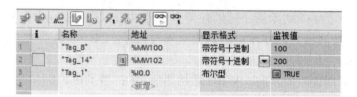

图 5-27

2. 循环中断组织块

要启动用户程序执行，项目中至少要有一个程序循环组织块，如 OB1。循环中断 OB 在经过一段固定的时间间隔后执行相应的中断 OB 中的程序，SIMATIC S7-1200 最多支持 4 个循环中断 OB。在创建循环中断 OB 时，设定固定的间隔扫描时间。

运用循环中断，使 Q0.0 在 500ms 时输出为 1，1000ms 时输出为 0，即实现周期为 1s 的方波输出。

1）在"程序块"中单击"添加新块"，选择"OB 组织块"，选择"Cyclic interrupt"，如图 5-28 所示。

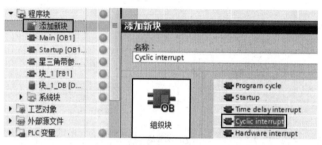

图 5-28

2）在 OB30 中编程，如图 5-29 所示。当循环中断执行时，Q0.0 以方波形式输出。

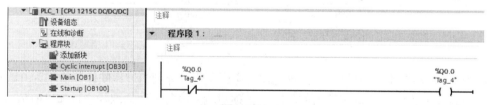

图 5-29

3）在 OB1 中编程调用"SET_CINT"指令，可以重新设置循环中断时间。如 CYCLE= 1s 在"指令"→"扩展指令"→"中断"→"循环中断"中可以找相关指令，如图 5-30 所示。

OB_NR	:=30	需要设置的 OB 编号
CYCLE	:=1000000	时间间隔 /μs
PHASE	:=0	相移时间 /μs
RET_VAL	:=%MW500	状态返回值

图 5-30

4）在 OB1 中编程调用"QRY_CINT"指令，可以查询循环中断状态。在"指令"→"扩展指令"→"中断"→"循环中断"中可以找相关指令，如图 5-31 所示。

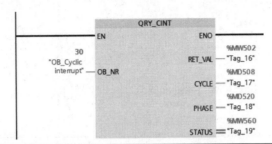

OB_NR	:=30	需要查询状态的 OB 编号
RET_VAL	:=%MW502	状态返回值
CYCLE	:=%MD508	查询结果：时间间隔 /μs
PHASE	:=%MD520	查询结果：相移时间 /μs
STATUS	:=%MW560	循环中断的状态

图　5-31

测试结果：程序下载后，可看到 CPU 的输出 Q0.0 指示灯 0.5s 亮、0.5s 灭交替切换。

3. 延时中断组织块

延时中断 OB 在经过一段指定的时间延时后，才执行相应 OB 中的程序。SIMATIC S7-1200 最多支持 4 个延时中断 OB。通过调用"SRT_DINT"指令启动延时中断 OB，在使用"SRT_DINT"指令编程时，需要提供 OB 号和延时时间。当到达设定的延时时间时，操作系统将启动相应的延时中断 OB，尚未启动的延时中断 OB 也可以通过"CAN_DINT"指令取消执行，同时还可以使用"QRY_DINT"指令查询延时中断的状态。运用延时中断实现当 I0.0 由"1"变"0"时，延时 5s 后启动延时中断 OB20，并将输出 Q0.0 置位。

1）在"程序块"中单击"添加新块"，选择"OB 组织块"，选择"Time delay interrupt"，如图 5-32 所示。

图　5-32

2）在 OB20 中编程，如图 5-33 所示。当延时中断执行时，置位 Q0.0。

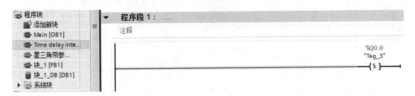

图　5-33

3）在 OB1 中编程调用"SRT_DINT"指令，可以重新设置延时中断时间。在"指令"→"扩展指令"→"中断"→"延时中断"中可以找相关指令，如图 5-34 所示。

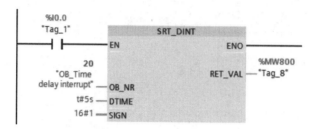

EN	:=%I0.0	当 EN 端出现下降沿时，延时计时开始
OB_NR	:=20	延时时间后要执行的 OB 编号
DTIME	:=t#5s	延时时间（1 ～ 60 000ms）
SIGN	:=16#1	调用时必须为此参数赋值，该值无实际意义
RET_VAL	:=%MW800	状态返回值

图　5-34

4）在 OB1 中编程调用"CAN_DINT"指令，可以取消延时中断时间。在"指令"→"扩展指令"→"中断"→"延时中断"中可以找相关指令，如图 5-35 所示。

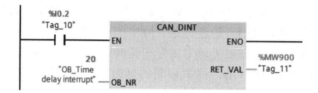

EN	:=%I0.2	当 EN 端出现上升沿时，取消延时中断
OB_NR	:=20	需要取消的 OB 编号
RET_VAL	:=%MW900	状态返回值

图　5-35

5）在 OB1 中编程调用"QRY_DINT"指令，可以查询延时中断状态。在"指令"→"扩展指令"→"中断"→"延时中断"中可以找相关指令，如图 5-36 所示。

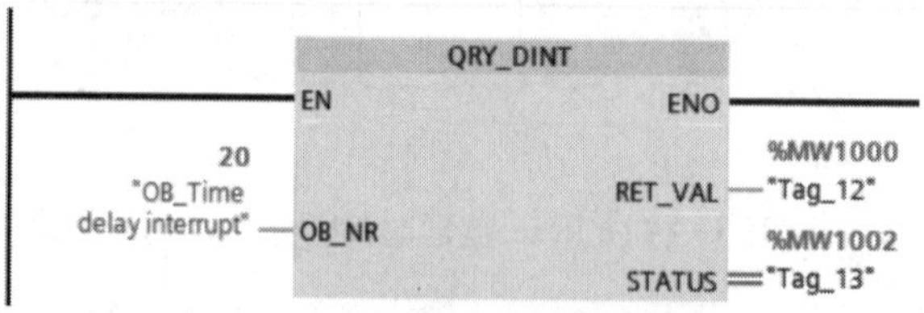

OB_NR	:=20	需要查询状态的 OB 编号
RET_VAL	:=%MW1000	状态返回值
STATUS	:=%MW1002	延时中断的状态

图　5-36

测试结果：当 I0.0 由"1"变"0"时，延时 5s 后延时中断执行，可看到 CPU 的输出 Q0.0 指示灯亮。如果 I0.1 由"0"变"1"，则取消延时中断，OB20 将不会执行。

4. 硬件中断组织块

硬件中断 OB 在发生相关硬件事件时执行，可以快速响应并执行硬件中断 OB 中的程序（如立即停止某些关键设备）。硬件中断事件包括：内置数字输入端的上升沿、下降沿事件和 HSC（高速计数器）事件。当发生硬件中断事件时，硬件中断 OB 将中断正常的循环程序而优先执行。

SIMATIC S7-1200 硬件中断事件属性定义：一个硬件中断事件只允许对应一个硬件中断 OB，而一个硬件中断 OB 可以分配给多个硬件中断事件。在 CPU 运行期间，可使用 ATTACH（连接中断指令）和 DETACH（分离中断指令）对中断事件重新分配。如图 5-37 所示，当硬件输入 I0.0 上升沿时，触发硬件中断 OB40（执行累加程序）；当硬件输入 I0.1 上升沿时，触发硬件中断 OB41（执行递减程序）。硬件中断事件和硬件中断 OB 的关系见表 5-2。

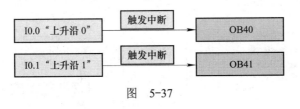

图　5-37

表　5-2

指令名称	功能说明
ATTACH	将硬件中断事件和硬件中断 OB 进行关联
DETACH	将硬件中断事件和硬件中断 OB 进行分离

1）在"程序块"中单击"添加新块"，选择"OB 组织块"，选择"Hardware interrupt"，创建硬件中断之后会生成 OB40，如图 5-38 所示。

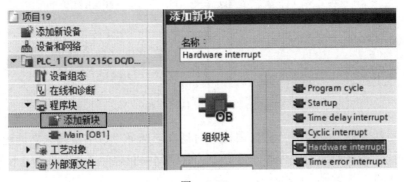

图　5-38

2）在 OB40 中编程，当硬件输入 I0.0 上升沿时，触发硬件中断执行 MW200 加 1，如图 5-39 所示。

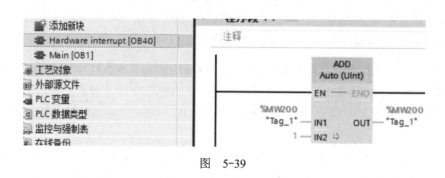

图　5-39

3）在"程序块"中单击"添加新块"，选择"OB 组织块"，选择"Hardware interrupt"，创建硬件中断之后会生成 OB41，如图 5-40 所示。

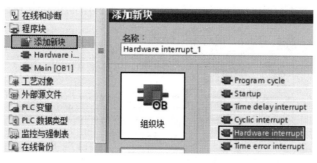

图　5-40

4）在 OB41 中编程，当硬件输入 I0.1 上升沿时，触发硬件中断执行 MW200 减 1，如图 5-41 所示。

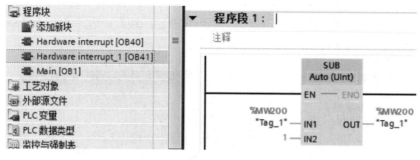

图　5-41

5）在"硬件组态"中打开"CPU 属性"对话框，选择"数字量输入"通道，勾选"启用上升沿检测"，选择对应的硬件中断程序中关联硬件中断事件，分别将 I0.0 和 OB40 关联，I0.1 和 OB41 关联，如图 5-42 所示。

程序下载后，在监控表中查看 MW200 的数据，当 I0.0 接通时，触发中断 OB40，MW200 的数值累加 1，如图 5-43 所示。

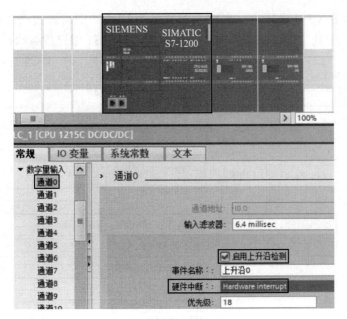

图　5-42

图　5-43

6）如果需要在 CPU 运行期间对中断事件重新分配，则可通过在"指令"→"扩展指令"→"中断"中找"ATTACH"指令实现，在 OB1 中编程如图 5-44 所示。

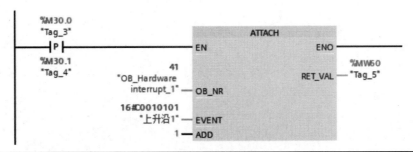

EN	:=%M30.0	当 EN 端出现上升沿时，使能该指令
OB_NR	:=41	需要关联的 OB 编号
EVENT	:="上升沿 1"	需要关联的硬件中断事件名称
ADD	:=FALSE	ADD=FALSE（默认值）：该事件将取代先前为此 OB 分配的所有事件。ADD=TRUE：该事件将添加到此 OB 中。（ADD 处的 1 是整数，表示数据类型的错误）
RET_VAL	:=%MW60	状态返回值

图　5-44

7）如果需要在 CPU 运行期间对中断事件进行分离，则可通过在"指令"→"扩展指令"→"中断"中找"DETACH"指令分离中断，在 OB1 中进步编程，如图 5-45 所示。

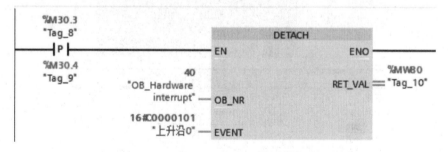

EN	:=%M30.3	当 EN 端出现上升沿时，使能该指令
OB_NR	:=40	需要分离的 OB 编号
EVENT	:="上升沿 0"	需要分离的硬件中断事件名称
RET_VAL	:=%MW80	状态返回值

图　5-45

第6章 SIMATIC S7-1200 模拟量

6.1 SIMATIC S7-1200 模拟量简介

模拟量是指变量在一定范围内连续变化的量，也就是在一定范围内可以取任意值。数字量是分离量，而不是连续变化量。模拟量信号与数字量信号的区别如图 6-1 所示。在工业控制系统中，除了要处理大量的数字量信号以外，还要处理模拟量信号。有些输入量是连续变化的模拟量信号，如温度、压力、液位、湿度、烟雾、光照和流量等；有些被控对象也需模拟量信号控制，如变频器、比例阀等。因此要求 PLC 有处理模拟量信号的能力。在 PLC 内部执行的均为数字量，用字母 D 表示；模拟量用字母 A 表示。因此模拟量处理需要将模拟量转换成数字量（A/D 转换），或者将数字量转换为模拟量（D/A 转换）。

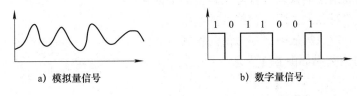

a）模拟量信号   b）数字量信号

图 6-1

（1）模拟量的处理过程　模拟量信号的采集由传感器来完成。传感器可将非电信号（如温度、压力、液位和流量等）转换为电信号，但此时的电信号为非标准信号，应将传感器输出的非标准电信号输送给变送器，经变送器将非标准电信号转化为标准电信号。标准信号分为电压型和电流型两种类型，电压型的标准信号为 DC 0 ～ 10V，电流型的标准信号为 DC 4 ～ 20mA。变送器将其输出的标准信号传送给模拟量输入扩展模块后，将模拟量信号转换为数字量信号，PLC 经过运算，其输出结果或直接驱动输出继电器，从而驱动开关量负载；或经模拟量输出模块实现 D/A 转换后，输出模拟量信号控制模拟量负载。

（2）模拟量的转换过程　因为 A/D 与 D/A 之间的转换存在对应关系，所以 CPU 内部用数值表示外部的模拟量信号，两者之间有一定的关系，这个关系就是模拟量 / 数字量的换算关系。

例如，输入一个 0 ～ 20mA 的模拟量信号，在 CPU 内部，0 ～ 20mA 对应于数值范围是 0 ～ 27648，因此可得到一个线性对应关系：10mA 对应数字量 13824（即 27648 的 1/2）。那么 1mA 对应的数字量为 1382.4。所以对于 4 ～ 20mA 的信号，对应的内部数值为 5530 ～ 27648（即 4×1382.4=5529.6≈5530），如图 6-2 所示。

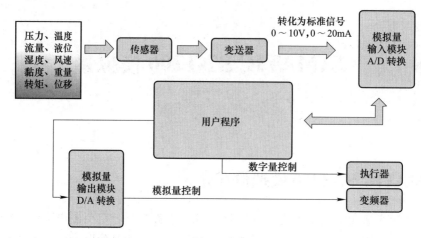

图 6-2

（3）模拟量的换算公式　模拟量输入 / 输出的通用换算公式如下：

$$O_v = [(O_{sh} - O_{sl}) \times (I_v - I_{sl}) / (I_{sh} - I_{sl})] + O_{sl}$$

式中　O_v —— 换算结果（实际工程值，如 50MPA）；

I_v —— 换算对象（AIW 中的模拟值，如 27648）；

O_{sh} —— 换算结果的高限（实际工程值的高限）；

O_{sl} —— 换算结果的低限（实际工程值的低限）；

I_{sh} —— 换算对象的高限（模拟值的高限）；

I_{sl} —— 换算对象的低限（模拟值的低限）。

模拟量线性对应关系如图6-3所示。

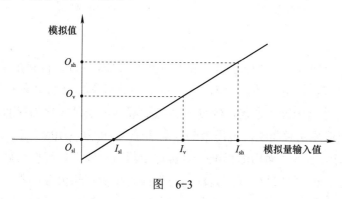

图 6-3

以（2）中数值为例，设 O_{sh} 为 50，O_{sl} 为 0，则

$$O_v = [(O_{sh} - O_{sl}) \times (I_v - I_{sl}) / (I_{sh} - I_{sl})] + O_{sl}$$
$$= (50 - 0) \times (10000 - 5530) \div (27648 - 5530) + 0$$
$$= 10.10489$$

（4）热电偶 TC 和热电阻 RTD　RTD 温度传感器有两线、三线和四线之分，其中四线 RTD 温度传感器测温值最准确 SIMATIC S7-1200　EM RTD 模块支持两线制、三线制和四线制的 RTD 温度传感器信号，可以通过 PT100、PT1000、Ni100、Ni1000、Cu100 等常见的 RTD 温度传感器来测量。

热电偶测量温度的基本原理：用两种不同成分的材质导体组成闭合回路，当两端存在温度差时，回路中就有电流通过，此时两端之间就存在电动势。SIMATIC S7-1200 EM TC 模块可以通过 J、K、T、E、R&S 和 N 型等热电偶温度传感器来测量。

6.2 SIMATIC S7-1200 模拟量设置与采集

1. 模拟量的设置

1214C 主机自带两路模拟量输入，首先要确定所要采集的模拟值是电压形式还是电流形式，然后进行设置编程。下面以 1214C 主机模拟量采集为例，模拟量模块采集也是一样，只需要更改通道采集地址。

1）在硬件组态中添加 1214C 主机，如图 6-4 所示。

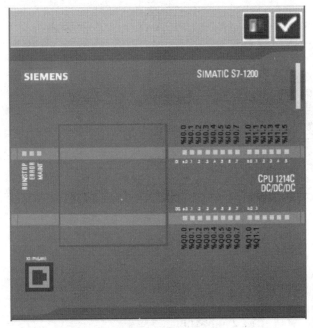

图 6-4

2）打开主机属性进行设置，由于 1214C 的 CPU 主机自带两路模拟量且只支持电压输入，如果想采集电流必须加扩展模块，再通过 CPU 属性设置通道采集地址，如图 6-5 所示。

3）模拟量采集程序的编写：从"转换操作"中选择"缩放"指令和"标准化"指令，如图 6-6 所示。

4）"标准化"指令如图 6-7 所示。MIN 是模拟值的最小值 0，如果采集 0 ~ 10V 电压或者 0 ~ 20mA 电流，则最小值为 0，如果采集 4 ~ 20mA 的电流，则最小值为 5530；MAX 是模拟值的最大值 27648；VALUE 是模拟量通道采集 0 ~ 27648 的值；OUT 是所采集的数值在 0 ~ 27648 中的比值。使用"标准化"指令即将 IW64 的值转换至 0.0 ~ 1.0 的数值。

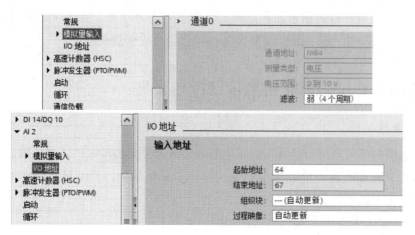

图　6-5

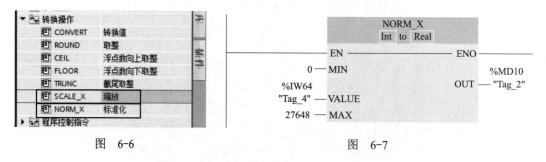

图　6-6　　　　　　　　　　　　　　　　图　6-7

5）"缩放"指令如图 6-8 所示。使用"缩放"指令即将 MD10 的比值转化为实际
工程值。

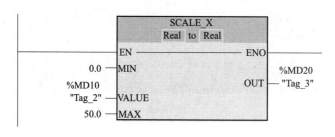

图　6-8

① "MIN"是实际工程值的最小值 0。

② "MAX"是实际工程值的最大值 27648。

③ "VALUE"是使用标准化指令转换至 0.0 ～ 1.0 的数值。

④ "OUT"是现场实际工程值。

6）"标准化"指令和"缩放"指令的实际应用如图 6-9 所示。数据类型的选择：模拟值、
模拟值最大值、模拟值最小值都是整数；实际工程值、实际工程值最大值、实际工程值最小
值都是实数。

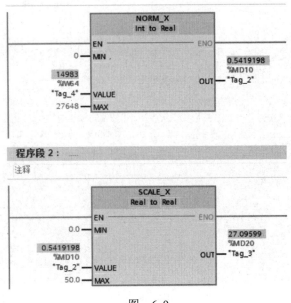

程序段 2:

注释

图　6-9

2. 温度模块模拟量的接线

温度模块模拟量的接线如图 6-10 所示。

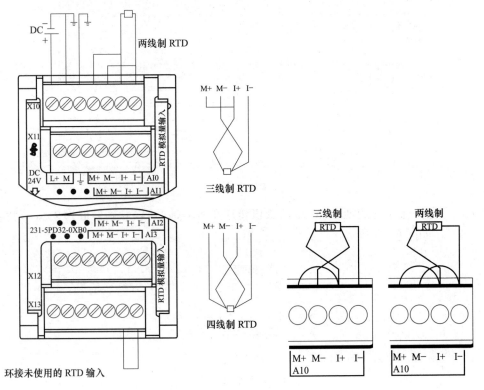

图　6-10

1）硬件组态：添加 SM 1231 RTD 模块对温度进行测量，如图 6-11 所示。

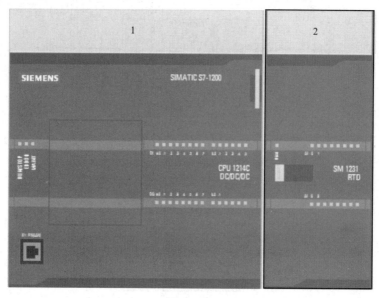

图　6-11

2）双击打开 SM 1231 属性设置，对温度采集通道"通道 0"进行设置，设置"测量类型"和"热电阻"类型，如图 6-12 所示。

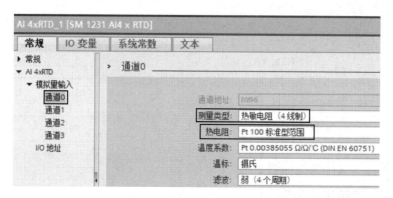

图　6-12

3）在主程序中将通道地址 IW96 的数值传送至 MW0，可以看到数值为 256，则实际温度为 25.6℃，如图 6-13 所示。

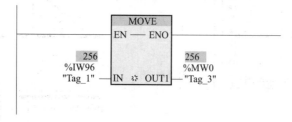

图　6-13

4）在使用标准模块读取温度时，读取的温度值是放大了 10 倍的数值，并且实际的温度值是一个浮点数。所以可以通过转换指令，先将 IW96 转换至浮点数，得出 257.0，然后使用除法，除以 10.0 得出实际温度，如图 6-14 所示。

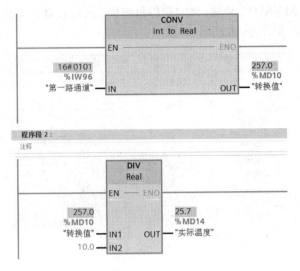

图　6-14

标准电压与标准电流的对照见表 6-1。

表　6-1

标准电压	单极性：0～10V 或 0～5V（对 PLC 中应 0～27648）
	双极性：±5V 或 ±2.5V（对 PLC 中应 ±27648）
标准电流	0～20mA（对应 PLC 中 0～27648）
	选择 0～20mA 测量 4～20mA（对应 PLC 中 5530～27648）
	4～20mA（对应 PLC 中 5530～27648）

3. 模拟量输出通道的应用

添加 SM1234 模拟量输入 / 输出模块，如图 6-15 所示。

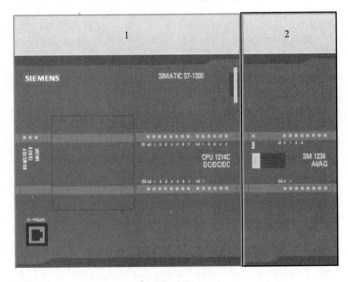

图　6-15

1）将 MD100 的值（0.0 ～ 50.0）转换为模拟量（0 ～ 10V）输出来控制变频器频率。双击打开 SM1234 "AI4/AQ2" 模块，对 "模拟量输出" 进行设置，设置 "模拟量输出的类型" 为 "电压" 0 ～ 10V，如图 6-16 所示。

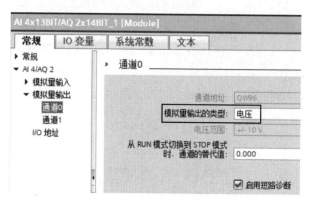

图 6-16

2）在主程序中编写转换程序：将 MD100 的值使用 "标准化" 指令转换至 0.0 ～ 1.0 的数值，实际工程值最小值 "MIN" 为 "0.0"，最小值 "MAX" 为 "50.0"；将 MD10 的值使用 "缩放" 指令转换至 0 ～ 27648，最小值 "MIN" 为实际工程的最小值 "MIN" 为 "0"，最大值 "MAX" 为实际工程值的最大值 "27648"，25.0 输出转化后为 "13824" 的模拟值，如图 6-17 所示。

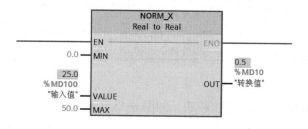

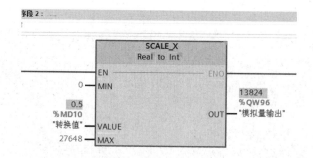

图 6-17

第 7 章   SIMATIC S7-1200 高速计数器

7.1   SIMATIC S7-1200 高速计数器简介及其作用

SIMATIC S7-1200 CPU 提供了最多 6 个高速计数器（HSC），其独立于 CPU 的扫描周期进行计数。1217C 可测量的脉冲频率最高为 1MHz，其他型号的 SIMATIC S7-1200 CPU 本体可测量的单相脉冲频率最高为 100kHz，A/B 相最高为 80kHz。如果使用信号板还可以测量单相脉冲频率高达 200kHz 的信号，A/B 相最高为 160kHz。

SIMATIC S7-1200 高速计数器是传感器的一种，主要用来检测机械运动的速度、位置、角度、距离和计数等。许多马达控制均需配备编码器，以供马达控制器换相、速度及位置的检测等。因此，SIMATIC S7-1200 的应用范围相当广泛。

高速计数器可连接 PNP 或 NPN 输入信号，支持增量或编码器。编码器可以分为增量式编码器、绝对式编码器和混合式编码器。

1）增量式编码器提供了一种对连续位移量离散化、增量化以及位移变化（速度）的传感方法。增量式编码器的特点是每产生一个输出脉冲信号就对应一个增量位移，它能够产生与位移增量等值的脉冲信号。增量式编码器主要由光源、码盘、检测光栅、光电检测器件和转换电路组成。

2）绝对式编码器的原理及组成部件与增量式编码器基本相同，不同的是绝对式编码器用不同的数码来指示每个不同的增量位置，它是一种直接输出数字量的传感器。根据编码方式的不同，绝对式编码器可分为二进制码盘和格雷码码盘。绝对式编码器的特点是不需要计数器，在转轴的任意位置都可读出一个固定的与位置相对应的数字码，即直接读出角度坐标的绝对值。另外，相对于增量式编码器，绝对式编码器不存在累积误差，并且当电源切断后位置信息也不会丢失。

编码器输出信号类型，根据使用的晶体管类型不同：编码器的输出可以分为 NPN 集电极开路输出和 PNP 集电极开路输出两种形式。NPN 集电极开路输出也称为漏型输出，即当逻辑 1 时输出电压为 0V；PNP 集电极开路输出也称为源型输出，即当逻辑 1 时，输出电压为电源电压。

PLC 的普通计数器的计数过程与扫描工作方式有关，CPU 通过每扫描一个周期读取一次被测信号的方法来捕捉被测信号的上升沿。被测频率较高时，会丢失计数脉冲，因此普通计数器的最高频率一般只有几十赫兹，而高速计数器可以对发生速率超过过程循环 OB 执行速率的时间进行计数。

7.2   SIMATIC S7-1200 高速计数器的模式选择

SIMATIC S7-1200 CPU 和信号板具有可组态的硬件输入地址，因此测量到的高速计数器频率与高速计数器号无关，而与所使用的 CPU 和信号板的硬件输入地址有关。SIMATIC S7-1200 CPU 高速计数器支持的工作模式有内部方向控制单相计数器、外部方向控制单相计数器、两个时钟输入的双相计数器和 A/B 正交计数器，见表 7-1。

1）单相计数：只有一路脉冲信号输入到 PLC 中，计数器所记录的脉冲数具体是加还是减，取决于方向信号。方向信号既可选择程序（内部）控制，也可以选择输入（外部）控制。

2）双相计数：有两路脉冲信号输入到 PLC 中，一路为增计数，一路为减计数。当增脉冲信号输入时，计数器的当前值往上加；当减脉冲信号输入时，计数器的当前值往下减。

3）A/B 正交计数：计数器 A 相与 B 相脉冲同时输入到 PLC 中，当 A 脉冲比 B 脉冲超前 90°时，计数器为增计数；当 B 脉冲超前 A 90°时，计数器为减计数。也就是正转为增计数，反转为减计数。

表　7-1

项目	说明	输入		
高速计数器	HSC1	I0.0（CPU） I4.0（信号板）	I0.1（CPU） I4.1（信号板）	I0.3（CPU） I4.3（信号板）
	HSC2	I0.2（CPU） I4.2（信号板）	I0.3（CPU） I4.3（信号板）	I0.1（CPU） I4.1（信号板）
	HSC3[①]	I0.4（CPU）	I0.5（CPU）	I0.7（CPU）
	HSC4（仅限 CPU 1212/14/15/17C）	I0.6（CPU）	I0.7（CPU）	I0.5（CPU）
	HSC5（仅限 CPU 1214/15/17C）[②]	I1.0（CPU） I4.0（信号板）	I1.1（CPU） I4.1（信号板）	I1.2（CPU） I4.3（信号板）
	HSC6（仅限 CPU 1214/15/17C）[②]	I1.3（CPU）	I1.4（CPU）	I1.5（CPU）
计数 / 频率	具有内部方向控制的单相计数器	时钟脉冲发生器	—	—
计数				复位
计数 / 频率	具有外部方向控制的单相计数器	时钟脉冲发生器	方向	—
计数				复位
计数 / 频率	具有两个时钟输入的双相计数器	正向时钟脉冲发生器	反向时钟脉冲发生器	—
计数				复位
计数 / 频率	A/B 正交计数器	时钟脉冲发生器 A	时钟脉冲发生器 B	—
计数				复位
运动轴	脉冲发生器 PWM/PTO	在使用 PTO1 和 PTO2 脉冲发生器时，HSC1 和 HSC2 支持运动轴计数模式： 1）对于 PTO1，HSC1 评估 Q0.0 输出来确定脉冲数 2）对于 PTO2，HSC2 评估 Q0.2 输出来确定脉冲数 3）Q0.1 用作运动方向输出		

① HSC3 只能用于 CPU 1211，且没有复位输入。

② 如果使用 DI2/DO2 信号板，则 HSC5 HSC6 也可用于 CPU 1211/12。

7.3　SIMATIC S7-1200 高速计数器计数功能的应用

在使用高速计数器时，应打开 CPU 属性，设置以下参数：启用高速计数器、高速计数器的计数类型、工作模式、初始值以及组态事件及输出事件、相应的脉冲信号输入点及 I/O 地址。

1）在 CPU 属性中设置"启用该高速计数器"如图 7-1 所示。

2）设置"计数类型""工作模式"和"初始计数方向"，如图 7-2 所示。

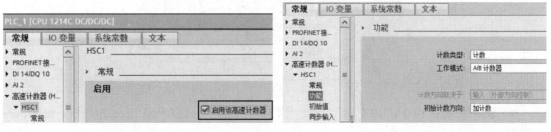

图　7-1　　　　　　　　　　　　　　　　　图　7-2

"计数类型"有计数、周期和频率。"工作模式"有内部方向控制单相计数器、外部方向控制单向计数器、两个时钟输入的双向计数器和 A/B 正交计数器。"初始计数方向"有加计数和减计数。

3）编码器"初始值"设定，如图 7-3 所示。

图　7-3

对于增量式编码器，断电初始值都会清零，用户应根据实际情况来设定初始值，即编码器从几开始计数。例如：设定初始值为 100，则从 100 开始计数；默认设定为 0，则从 0 开始计数。

4）硬件输入接线，如图 7-4 所示。

硬件输入接线，根据用户配置的 A/B 正交计数器分配 I0.0 和 I0.1。在使用高速计数器时，高速计数器对应的 A/B 相中，A 接入 I0.0，B 接入 I0.1。

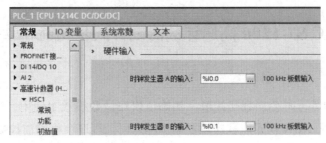

图　7-4

5）高速计数器"I/O 地址"设定，如图 7-5 所示。

设定完成之后，该高速计数器的地址为 ID1000。

图　7-5

6）设置输入点 I0.0 和 I0.1 脉冲滤波，如图 7-6 所示，图中 millisec 为毫秒，microsec 为微秒。

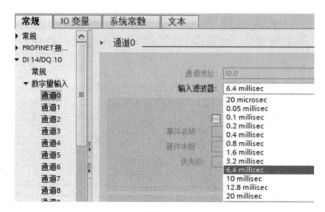

图　7-6

7）配置完成，在监控表监控 ID1000，如图 7-7 所示。

图　7-7

7.4　SIMATIC S7-1200 高速计数器硬件同步功能和软件同步功能的应用

CPU 每次开始运行时会加载初始值，初始值仅在计数模式中使用。同步功能：当 CPU 从 STOP 模式转变为 RUN 模式或程序触发同步输入时，程序会将当前计数值设置为初始值。

1）在 CPU 属性中设置"启用该高速计数器"，如图 7-8 所示。

图 7-8

2) 设置"计数类型""工作模式"和"初始计数方向",如图 7-9 所示。

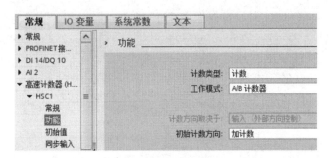

图 7-9

3) 编码器"初始值"设定,如图 7-10 所示。

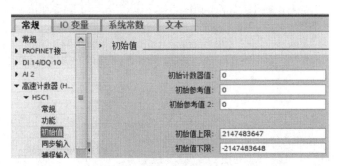

图 7-10

4) 同步功能设定:勾选"使用外部同步输入","同步输入的信号电平"选择"高电平有效",如图 7-11 所示,外部输入点将自动分配。

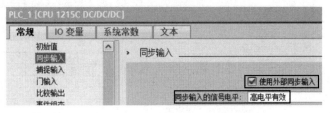

图 7-11

5) 硬件输入接线,如图 7-12 所示。

图　7-12

6）高速计数器"I/O 地址"设定，如图 7-13 所示。

图　7-13

7）设置输入点 I0.0 和 I0.1 脉冲滤波，如图 7-14 所示。

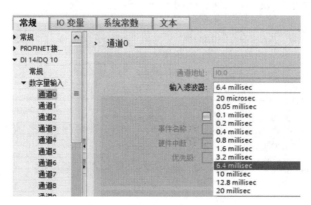

图　7-14

8）配置完成，在监控表监控 ID1000，如图 7-15 所示。

图　7-15

9）硬件同步功能：当触发外部按钮 I0.3 时，ID1000 的监视值恢复为初始值 0，如果一直触发 I0.3，则高速计数器将不会计数，如图 7-16 所示。

图　7-16

10）软件同步功能：

① 打开"工艺"指令选择"计数"，添加"CTRL_HSC"指令，如图 7-17 所示。在添加"CTRL_HSC"指令时，默认弹出一个数据块 DB，单击"确定"按钮，如图 7-18 所示。

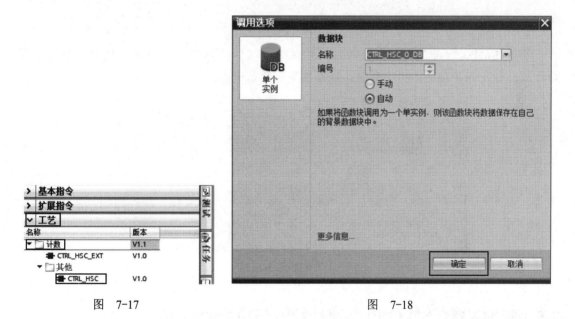

图　7-17　　　　　　　　　　　　　图　7-18

② 打开指令，如图 7-19 所示。HSC 为当前使用的高速计数器，CTRL 为使用系统的数据类型。

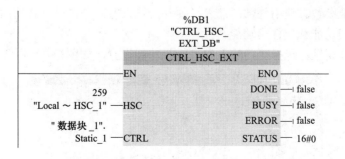

图　7-19

③ 创建一个计数功能的 DB 块，其数据类型为"HSC_Count"，如图 7-20 所示。

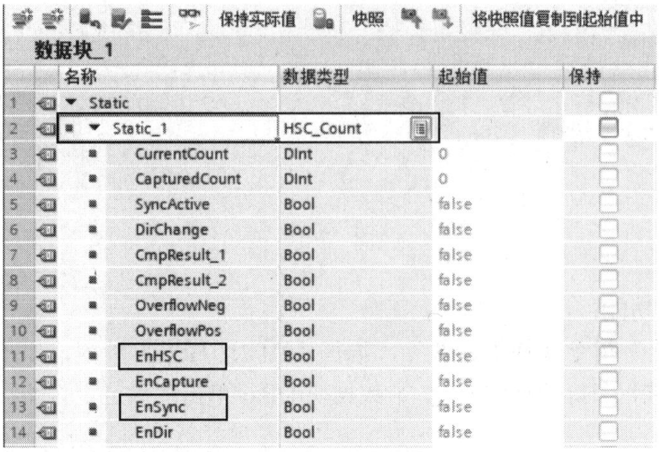

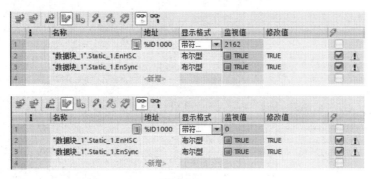

图 7-20

④ 将 EnHSC（使能高速计数器）和 ENSync（启用同步功能）触发，则高速计数器开始计数。触发同步功能，I0.3 高速计数器恢复初始值 0，如图 7-21 所示。

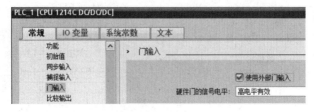

图 7-21

7.5 SIMATIC S7-1200 高速计数器门功能的应用

门功能是为了避免捕捉到不需要的计数脉冲。对于特定的应用是可以在运行时打开和关闭高速计数器的，即根据需要打开或关闭高速计数器。先使用 7.4 节中内容设置高速计数器，再设置门功能参数。使用外部门输入（硬件门输入）：通过外部按钮启用高速计数器。门功能分为硬件门功能和软件门功能。

1）打开 CPU 属性，选择"门输入"进行门功能设置，如图 7-22 所示。

图 7-22

"使用外部门输入"就是通过外部按钮启用高速计数器，外部门输入也就是硬件门输入。

2）外部硬件门输入按钮的配置：选择"硬件输入"，打开"门输入"选择要配置的按钮，如图 7-23 所示。

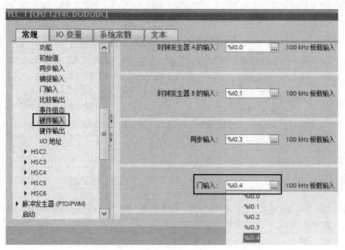

图 7-23

3）硬件门功能：如果触发外部按钮 I0.4，则旋转高速计数器 ID1000 的值开始计数；如果不触发 I0.4，则高速计数器将不会计数，如图 7-24 所示。

4）软件门功能：

① 打开"工艺"指令选择"计数"，添加"CTRL_HSC"指令，如图 7-25 所示。在添加"CTRL_HSC"指令时，默认弹出一个数据块 DB，单击"确定"按钮，如图 7-26 所示。

图 7-24

图 7-25

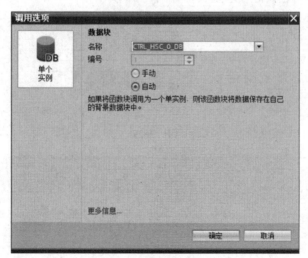

图 7-26

② 打开指令，如图 7-27 所示。

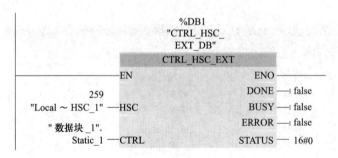

图　7-27

③ 创建一个计数功能的 DB 块，其数据类型为 "HSC_Count"，如图 7-28 所示。

		名称		数据类型		起始值	保持
1		▼ Static					☐
2		■ ▼	Static_1	HSC_Count			☐
3		■	CurrentCount	DInt		0	☐
4		■	CapturedCount	DInt		0	☐
5		■	SyncActive	Bool		false	☐
6		■	DirChange	Bool		false	☐
7		■	CmpResult_1	Bool		false	☐
8		■	CmpResult_2	Bool		false	☐
9		■	OverflowNeg	Bool		false	☐
10		■	OverflowPos	Bool		false	☐
11		■	EnHSC	Bool		false	☐
12		■	EnCapture	Bool		false	☐

数据块_1

保持实际值　快照　将快照值复制到起始值中

图　7-28

④ 将软件门 EnHSC 使能，硬件门 I0.4 使能，则高速计数器开始计数如图 7-29 所示。如果软件门和硬件门有一个没被触发，则高速计数器不会计数，这是因为配置了软件门和硬件门，用户可以根据自己实际要求选择，如图 7-30 所示。

项目34 ▶ PLC_1 [CPU 1214C DC/DC/DC] ▶ 监控与强制表 ▶ 监控表_1

	i	名称	地址	显示格式	监视值	修改值
1			%ID1000	带符号十进制	-5	
2			%I0.4	布尔型	TRUE	
3		"数据块_1".Static_1.EnHSC		布尔型	TRUE	TRUE

图　7-29

项目34 ▶ PLC_1 [CPU 1214C DC/DC/DC] ▶ 监控与强制表 ▶ 监控表_1

	i	名称	地址	显示格式	监视值	修改值
1			%ID1000	带符号十进制	-5	
2			%I0.4	布尔型	FALSE	
3		"数据块_1".Static_1.EnHSC		布尔型	TRUE	TRUE

图　7-30

7.6　SIMATIC S7-1200 高速计数器捕获功能的应用

SIMATIC S7-1200 高速计数器捕获功能就是在使用高速计数器计数时，用户可以在任意时刻通过外部按钮和软件读取高速计数器的当前实时值。注意捕获功能要配合软件捕捉使用。

1）打开 CPU 属性，选择"捕捉输入"，勾选"使用外部输入铺获电流计数"选项，如图 7-31 所示。

图　7-31

2）外部捕捉输入按钮的配置：选择"硬件输入"，打开"捕捉输入"选择要配置的按钮，如图 7-32 所示。

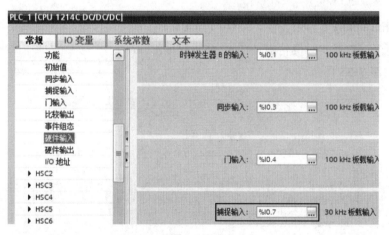

图　7-32

3）打开指令，如图 7-33 所示。

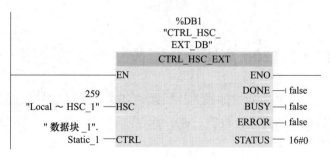

图　7-33

4）之前创建的一个计数功能 DB 块，数据类型为“HSC_Count”，其中“CurrentCount”为高速计数器实时值，“CapturedCount”为捕捉高速计数器当前值，“EnCapture”为启用脉冲捕捉功能，如图 7-34 所示。

	名称	数据类型	起始值	保持
1	▼ Static			
2	▼ Static_1	HSC_Count		
3	CurrentCount	DInt	0	
4	CapturedCount	DInt	0	
5	SyncActive	Bool	false	
6	DirChange	Bool	false	
7	CmpResult_1	Bool	false	
8	CmpResult_2	Bool	false	
9	OverflowNeg	Bool	false	
10	OverflowPos	Bool	false	
11	EnHSC	Bool	false	
12	EnCapture	Bool	false	
13	EnSync	Bool	false	
14	EnDir	Bool	false	

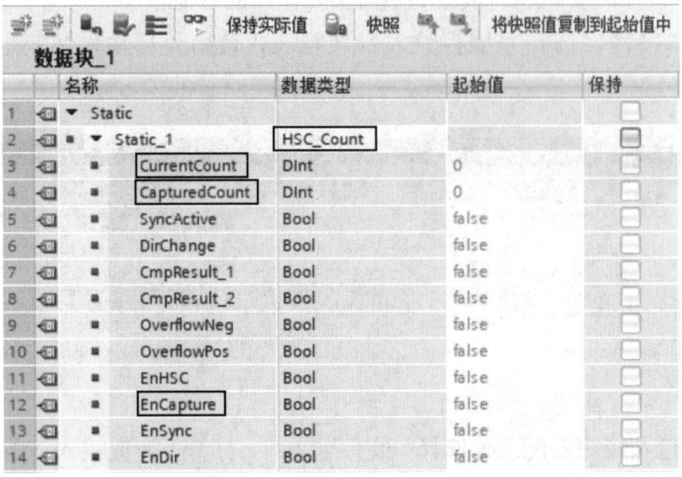

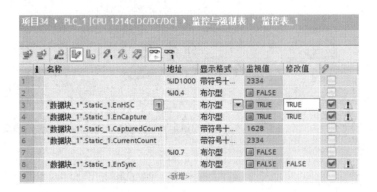

图 7-34

5）将“EnCapture”启用使能，硬件门 I0.4 使能，则高速计数器开始计数，按下捕捉门按钮 I0.7，高速计数器实时值将被捕捉至“CapturedCount”中。如果硬件门没有被触发，则捕捉无效，如图 7-35 所示。

	i	名称	地址	显示格式	监视值	修改值	
1			%ID1000	带符号十...	2334		
2			%I0.4	布尔型	FALSE		
3		"数据块_1".Static_1.EnHSC		布尔型	TRUE	TRUE	☑ !
4		"数据块_1".Static_1.EnCapture		布尔型	TRUE	TRUE	☑ !
5		"数据块_1".Static_1.CapturedCount		带符号十...	1628		
6		"数据块_1".Static_1.CurrentCount		带符号十...	2334		
7			%I0.7	布尔型	FALSE		
8		"数据块_1".Static_1.EnSync		布尔型	FALSE	FALSE	☑ !
9			<新增>				

图 7-35

7.7 SIMATIC S7-1200 高速计数器控制指令的应用

通过对参数进行设置并将新值加载到计数器的方式来控制 CPU 支持的高速计数器，指令的执行需要启用待控制的高速计数器。对于指定的高速计数器，无法在程序中同时执行多个“控制高速计数器”指令。

1）打开 CPU 属性，对 HSC 进行组态设置，如图 7-36 所示。

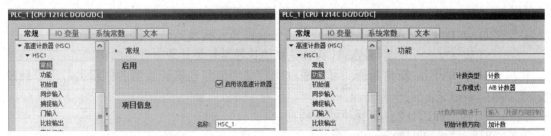

<table>
<tr><td>a）"常规"项目的设置</td><td>b）"功能"项目的设置</td></tr>
</table>

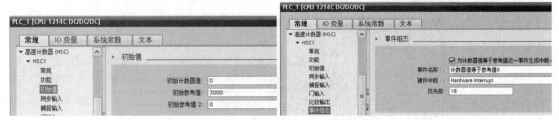

<table>
<tr><td>c）"初始值"项目的设置</td><td>d）"事件组态"项目的设置</td></tr>
</table>

e）"硬件输入"项目的设置

f）"I/O 地址"项目的设置

图　7-36

2）打开 CPU 属性，对 HSC "事件组态"设置。打开"硬件中断"的下拉列表框，选择"新增"一个 OB 组织块，如图 7-37 所示。高速计数器中提供了中断功能，用以处理某些特定条件下触发的程序，共有三种中断事件：①当前值等于预置值；②使用外部信号复位；③带有外部方向控制时，计数方向发生改变。

3）在 OB40 组织块中调用控制指令并填写对应引脚，如图 7-38 所示。

① "HSC"：当前使用的高速计数器。

② "DIR"：使能新方向。

③ "CV"：使能新初始值。

④ "RV"：使能新参考值。

⑤ "PERIOD"：使能新频率测量周期。

⑥ "NEW_DIR"：新方向，即计数方向定义高速计数器是增计数或减计数。

⑦ "NEW_CV"：新初始值，计数值是高速计数器开始计数时使用的初始值。

⑧ "NEW_RV"：新参考值，可以通过比较参考值和当前计数器的值得出，用于触发一个报警。

⑨ "NEW_PERIOD"：新频率测量周期。

⑩ "BUSY"：处理状态。

⑪ "STATUS"：运行状态。

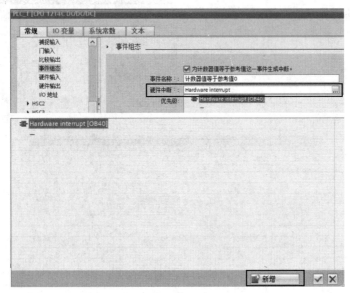

图 7-37

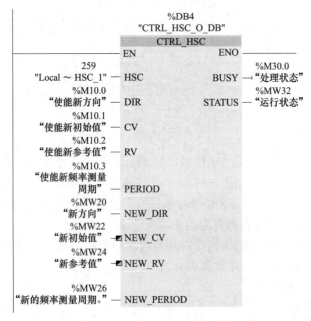

图 7-38

4）在状态表监控如图 7-39 所示。当"使能新初始值"M10.1 为 1 时，高速计数器开始计数，当高速计数器的当前值等于设定的 3000 时，ID1000 的值又开始从 0 继续计数。在计数过程中，"使能新方向"不能得电，否则高速计数器的当前值等于设定的 3000 时不会归 0。

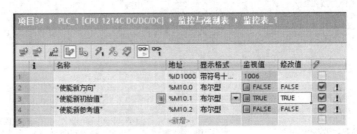

图　7-39

7.8　SIMATIC S7-1200 高速计数器计数长度测量的应用

1）打开 CPU 属性，对 HSC 进行组态设置，如图 7-40 所示。

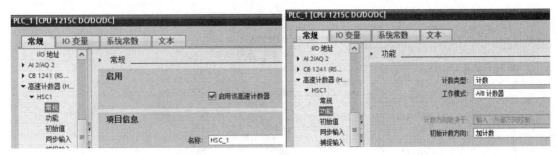

a）"常规"项目的设置　　　　　　　　　b）"功能"项目的设置

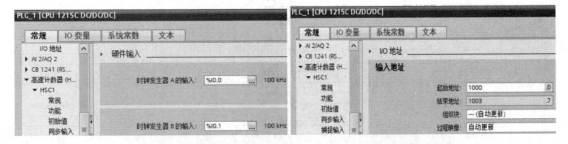

c）"硬件输入"项目的设置　　　　　　　d）"I/O 地址"项目的设置

e）"通道 0"项目的设置

图　7-40

2）高速计数器数据采集处理程序如图 7-41 所示。按下 I0.3 "启动按钮" 启动测量，同时清空高速计数器当前值。程序中 500.0 指的是高速计数器转动一圈需要的脉冲数。

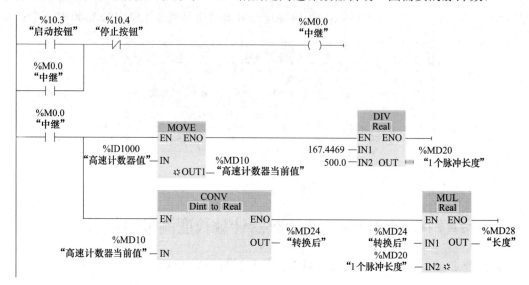

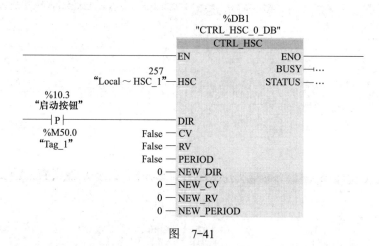

图　7-41

第8章 SIMATIC S7-1200 控制步进电动机

8.1 SIMATIC S7-1200 控制步进电动机简介及其作用

相对于普通电动机来说步进电动机具有更精确的定位功能,其工作原理为脉冲型 PLC 控制器或者可以发出脉冲信号的元器件(或设备)发出脉冲信号给驱动器,驱动器做出相应动作,控制电动机圆周运动或线性运动。步进电动机的相数是指电动机内部的线圈组数,目前常用的有两相、三相、四相、五相步进电动机。电动机相数不同,步距角也不同,一般两相电动机的步距角为 0.9°或 1.8°,三相电动机的步距角为 0.75°或 1.5°,五相电动机的步距角为 0.36°或 0.72°。在没有细分驱动器时,用户主要靠选择不同相数的步进电动机来满足其对步距角的要求。如果使用细分驱动器,则"相数"将变得没有意义,用户只需要在驱动器上改变细分数就可以改变步距角。

步进驱动器如图 8-1 所示。根据步进驱动器上细分设定参照表可确定步进电动机旋转一周所需要的脉冲数量。而驱动器电流的设定可以用来调整电动机的静态或动态电流,电流主要是根据电动机额定电流来做调整。细分和电流调整的具体数值可以通过调整拨码开关状态来确定。

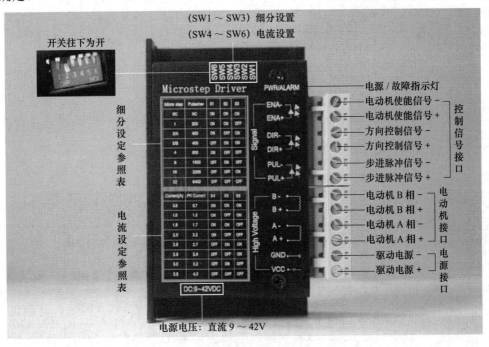

图 8-1

如果步距角为 1.8°,那么电动机转一圈所需的脉冲数为 360°÷1.8°=200,即需 200 个脉冲电动机旋转一周，电动机旋转一周螺杆移动的距离 A 称作导程。如果电动机旋转一周需要 200 个脉冲，螺杆移动 8mm，那么发出 2000 个脉冲时，螺杆移动 2000÷200×8mm=80mm，这时可以根据步进驱动器细分来确定电动机转一圈需要的脉冲数，来实现定位。例如 8 细分，就是需 1600 个脉冲电动机转一圈；4 细分，就是需 800 个脉冲电动机转一圈。

8.2 SIMATIC S7-1200 选型及接线

SIMATIC S7-1200 PLC 信号输出类型分为继电器 RLY 和晶体管 DC，只有晶体管类型的 PLC 带高速脉冲输出。以 CPU 1214C 为例，CPU 1214C 不同固件版本脉冲口分布如图 8-2 所示，其支持四路高速脉冲 Q0.0、Q0.1、Q0.2 和 Q0.3。如果高速脉冲口没有被激活，除脉冲口以外任意 Q 点，也可以作为方向信号。这里的方向是根据 CPU 组态所分配的点接线。

以雷赛步进驱动器为例，如图 8-3 所示，驱动器脉冲信号"PUL+"接 Q0.0，如果驱动器接收信号为 5V 电压，PLC 输出需要串联 2kΩ 的电阻进行分压。驱动器方向信号"DIR+"接 Q0.2，如果驱动器接收信号为 5V 电压，PLC 输出需要串联 2kΩ 的电阻进行分压。脉冲信号"PUL-"和方向信号"DIR-"接 PLC 输出公共端 1M。"VCC"接直流电源正极，18 ～ 75V 均可，GND 接直流电源负极。步进电动机四根线接电动机两相绕组，"A+""A-""B+""B-"需使用万用表测量后区分绕组，然后接到驱动器上，"A+""A-"互换（或者"B+""B-"互换），可以调节电动机转向。

CPU 1214C (DC/DC/DC)	Q0.0	Q0.1	Q0.2	Q0.3	Q0.4	Q0.5	Q0.6	Q0.7	Q1.0	Q1.1
Firmware V1.0	PTO 0		PTO 1							
	脉冲信号	方向信号	脉冲信号	方向信号						
	100kHz	100kHz	100kHz	100kHz						
Firmware V2.0/2.1/2.2	PTO 0		PTO 1							
	脉冲信号	方向信号	脉冲信号	方向信号						
	100kHz	100kHz	100kHz	100kHz						
Firmware V3.0	PTO 0		PTO 1		PTO 2		PTO 3			
	脉冲信号	方向信号	脉冲信号	方向信号	脉冲信号	方向信号	脉冲信号	方向信号		
	100kHz	100kHz	100kHz	100kHz	20kHz	20kHz	20kHz	20kHz		
Firmware V4.0/4.1	用户可以灵活定义 PTO 0 ～ PTO 3 这四个轴的 DO 点分配									
	100kHz	100kHz	100kHz	100kHz	30kHz	30kHz	30kHz	30kHz	30kHz	30kHz

图 8-2

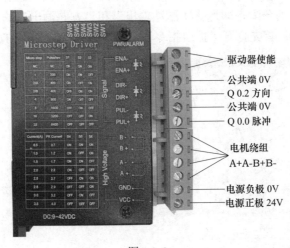

图 8-3

8.3 SIMATIC S7-1200 硬件组态

在编写控制步进电动机程序时，首先对 CPU 属性进行组态。

1）打开 SIMATIC S7-1200 属性，先选择"脉冲发生器"→"PTO1/ PWM1"，然后勾选"启用该脉冲发生器"，对高速脉冲口进行设置，如图 8-4 所示。

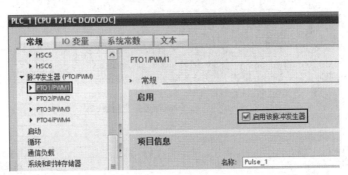

图 8-4

2）打开"参数分配"，选择"信号类型"为"PTO（脉冲 A 和方向 B）"，如图 8-5 所示。

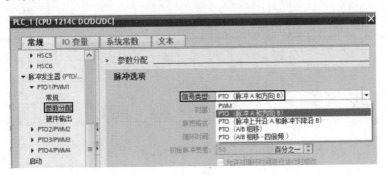

图 8-5

3）"硬件输出"的分配，即选择"脉冲输出"和"方向输出"的接口，如图 8-6 所示。

4）调用脉冲指令：首先打开"扩展指令"，然后选择"CTRL_PTO"，如图 8-7 所示。

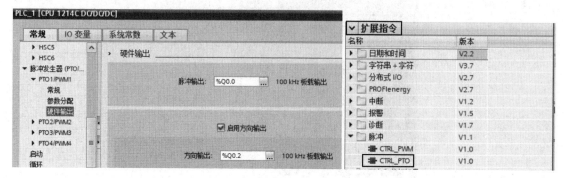

图 8-6   图 8-7

5）控制程序：首先给 MD100 赋值（电动机旋转一周需要的脉冲数）再按下"启动"按钮，触发步进电动机，碰到限位开关时导通 Q0.2 开始反向。停止时，只需将 MD100 的值更改为 0 即可，如图 8-8 所示。

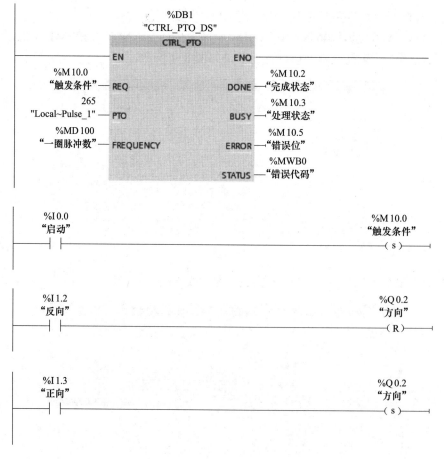

图 8-8

第9章 SIMATIC S7-1200 运动控制工艺对象

9.1 SIMATIC S7-1200 步进电动机工艺对象

无论开环控制方式还是闭环控制方式，每一个轴都需要添加一个"工艺对象"。具体操作步骤如下：

1）打开"工艺对象"，选择"新增对象"，如图9-1所示。

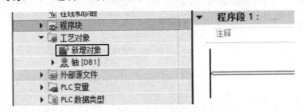

图 9-1

2）新建一个"名称"为"轴"的工艺对象，选择"TO_PositioningAxis"，此时TO背景数据DB中选择"自动"生成，如图9-2所示。

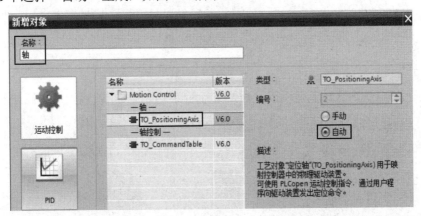

图 9-2

轴工艺对象有两个：TO_PositioningAxis定位轴和TO_CommandTable命令表，每个轴都至少需要插入一个工艺对象。

3）轴添加工艺对象之后，都会有三个选项"组态""调试"和"诊断"，其中"组态"用来设轴的参数，包括"基本参数"和"扩展参数"，如图9-3所示。

4）"基本参数"的设置："驱动器"选择"PTO（Pulse Train Output）"控制方式，如图9-4所示。选择通过PTO的方式控制驱动器，也就是CPU输出高速脉冲方式控制。"测量单位"中"位置单位"可选的选项有mm、m、in、ft、脉冲、°（度）。

图 9-3

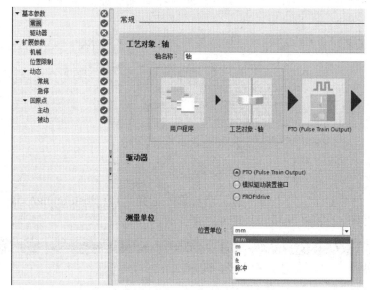

图 9-4

5）选择 PTO 的方式控制驱动器，需要进行配置"硬件接口"参数，如图 9-5 所示。

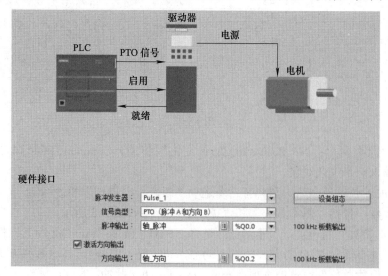

图 9-5

①"设备组态"：单击该按钮可以跳转到"设备视图"，方便用户修改组态。

②"脉冲发生器"：选择在"设备视图"中已组态的 PTO。

③"信号类型"：选择"PTO（脉冲 A 和方向 B）"。

④"脉冲输出"：根据实际配置，自由定义脉冲输出点。

⑤"激活方向输出"：是否激活使能方向控制位，在选择控制方式时，若选择脉冲加方向的控制方式，则要勾选"激活方向输出"，并定义对应的方向点。

6）"扩展参数"中"机械"参数的设置：主要用于设置轴的脉冲数与轴移动距离的参数对应关系，如图 9-6 所示。

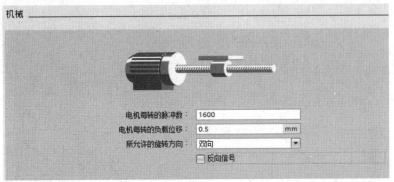

图　9-6

①"电机每转的脉冲数"：电动机旋转一周需要的脉冲数。

②"电机每转的负载位移"：电动机每旋转一周，机械装置移动的距离，即螺距。需要注意的是，如果在图 9-4 中的"测量单位"中选择了"脉冲"，则图 9-6 中"电机每转的负载位移"的单位由"mm"变为"脉冲"，表示电动机每转的脉冲个数，在这种情况下"电机每转的脉冲数"和"电机每转的负载位移"的单位一样。

③"所允许的旋转方向"：选择"双向"，也就是允许电动机反向。

④"反向信号"：如果选择"反向信号"，那么当 PLC 端进行正向控制电动机时，电动机实际是反向旋转。

7）"位置限制"中"硬和软限位开关"的设置，如图 9-7 所示。

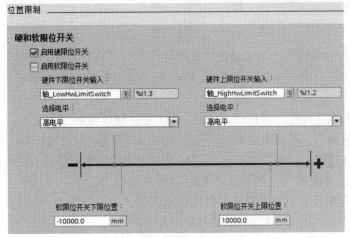

图　9-7

①"启动硬限位开关"：是否激活硬件限位功能。

②"启动软限位开关"：是否激活软件限位功能。

③"硬件上 / 下限位开关输入"：可设置硬件上 / 下限位开关输入点，根据实际的接线进行配置。

④"选择电平"：可设置硬件上限（下限）位开关输入点的有效电平，高电平（值为"1"）有效。

⑤"软限位开关（上 / 下限位置）"：可设置软件位置点，用距离、脉冲或角度表示。

8）"动态"中"常规"参数的设置，如图 9-8 所示。

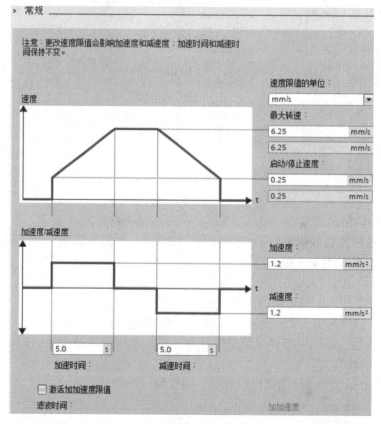

图 9-8

①"速度限制的单位"：用于设置"最大转速"和"启动 / 停止速度"的显示单位。

②"最大转速"：用于设定电动机最大转速，由 PTO 输出最大频率和电动机允许的最大速度共同限定。

③"启动 / 停止速度"：根据电动机的启动 / 停止速度来设定该值。

④"加 / 减速度"：根据电动机和实际控制要求设置加 / 减速度。

⑤"加 / 减速时间"：电动机低速到高速或者高速到低速所需要的时间。

⑥"激活加加速限值"：当勾选"激活加加速限值"时，电动机不会突然停止轴加速和轴减速，而是根据设置的步进或平滑时间逐渐调整。

9）"动态"中"急停"参数的设置，如图 9-9 所示。

①"最大转速"：与"常规"中的"最大转速"一致。

②"启动 / 停止速度"：与"常规"中的"启动 / 停止速度"一致。

③"紧急减速度"：用于设置急停速度。

④"急停减速时间"：可以用"最大转速"减去"启动 / 停止速度"再除以"紧急减速度"得出。

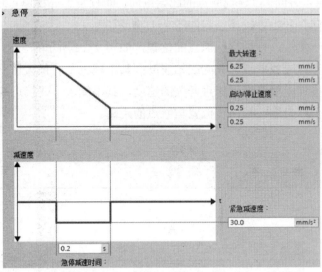

图　9-9

10）"扩展参数"下"回原点"中"主动"参数的设置：原点也称作参考点，回原点或寻找参考点的作用是把轴实际的机械位置和 SIMATIC S7-1200 程序中轴的位置进行坐标统一，以进行绝对位置定位，如图 9-10 所示。

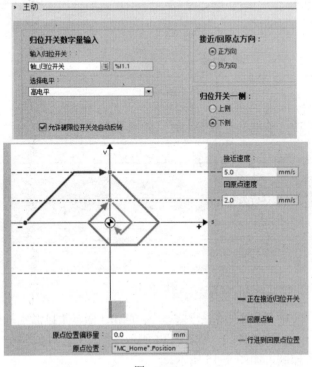

图　9-10

①"输入归位开关"：可设置原点开关，根据硬件接线选择，为"1"时有效。

②"允许硬限位开关处自动反转"：如果轴在回原点的一个方向上没有碰到原点，则需要勾选该选项，这样轴可以自动调头，向反方向寻找原点。

③"接近/回原点方向"：寻找原点的起始方向，即触发了寻找原点功能后，轴是向"正方向"或是"负方向"开始寻找原点，如图 9-11 所示。

④"归位开关一侧"：行进到回原点的位置，如图 9-12 所示。

⑤"接近速度"：寻找原点开关的起始速度，其不能大于"最大速度"。

⑥"回原点速度"：最终接近原点开关的速度，其不能大于"接近速度"。

⑦"原点位置偏移量"：轴所在位置与原点的距离。

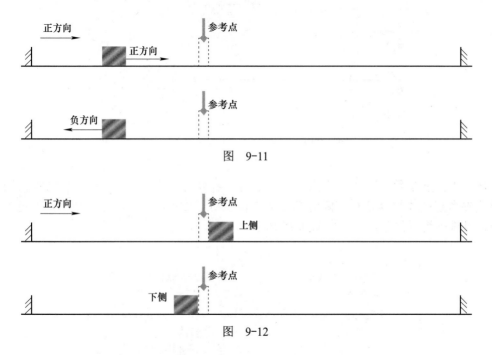

图 9-11

图 9-12

11）"回原点"中"被动"参数的设置，如图 9-13 所示。

图 9-13

12）下载程序：打开"调试"选择"监控"，单击"激活"以激活轴控制面板，弹出"激活主控制"对话框，单击"是"按钮，如图 9-14 所示，进入工艺对象"轴控制面板"调试界面，选择相应的命令进行控制，如图 9-15 所示。

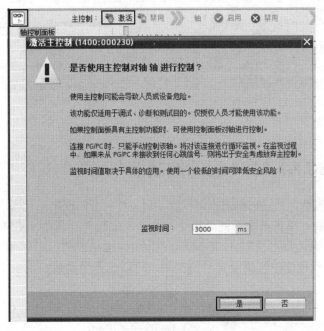

图 9-14

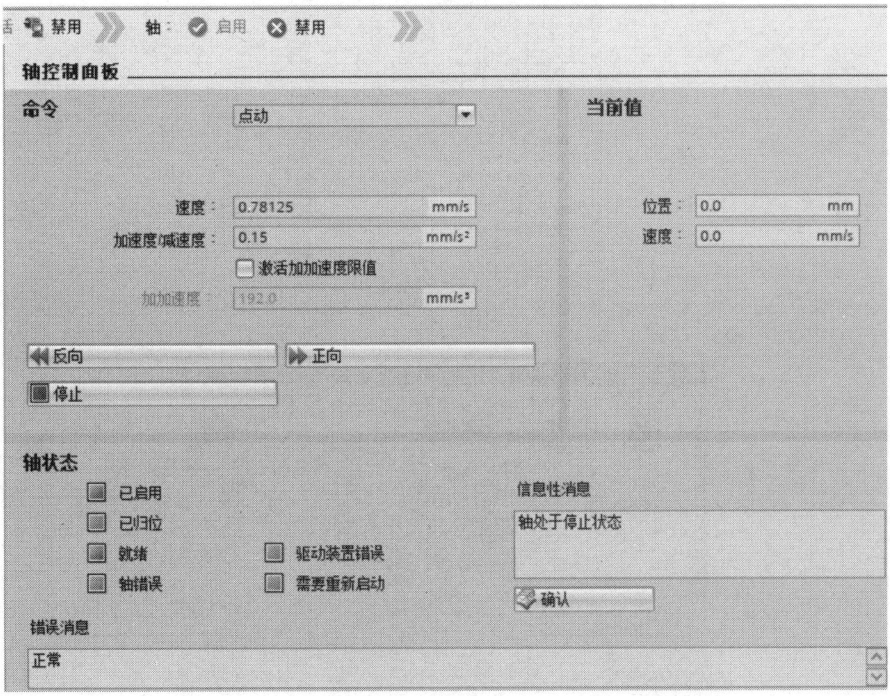

图 9-15

13）打开"参数视图"选项卡，可以对轴参数进行监视，并查看状态，如图 9-16 所示。

图 9-16

9.2 SIMATIC S7-1200 运动控制指令

用户组态轴的参数，通过控制面板调试成功后，即可开始根据工艺要求编写控制程序。

1) 打开 OB1 块，单击页面右侧"指令"选项卡中的"工艺"→"Motion Control"（运动控制）指令文件夹，展开"S7-1200 Motion Control 运动控制"，如图 9-17 所示，将这些运动控制指令插入到程序中时需要背景数据块，可以选择手动或自动生成 DB 块的编号，如图 9-18 所示。

图 9-17

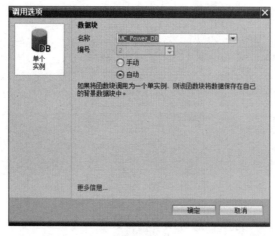

图 9-18

2）"MC_Power"启动 / 禁用轴指令：用来启动轴或禁用轴。在程序里一直调用，并且在其他运动控制指令之前调用并使能，如图 9-19 所示，图中 ⬛ 按钮可以快速切换到轴工艺对象参数配置界面，⬛ 按钮可以快速切换到诊断界面。

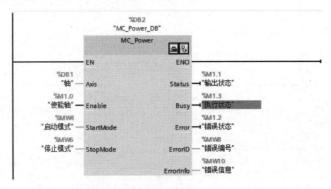

图　9-19

① "EN"：该输入端是 "MC_Power" 指令的使能端，不是轴的使能端。

② "Axis"：轴名称，用光标直接把 "轴 [DB1]" 从 "工艺对象" 拖拽到指令 "Axis" 处，如图 9-20 所示。

③ "Enable"：轴使能端。当 Enable = 0 时，根据 StopMode 设置的模式来停止当前轴的运行；当 Enable= 1 时，根据 StartMode 设置的模式来启动当前轴的运行。

④ "StartMode"：轴启动模式，当 StartMode=0 时，启用位置不受控的定位轴；当 StartMode=1 时，启用位置受控的定位轴。

⑤ "StopMode"：轴停止模式。当 StopMode= 0 时，紧急停止；当 StopMode=1 时，立即停止，PLC 立即停止发脉冲；当 StopMode=2 时，带有加速度变化率控制的紧急停止。

⑥ "ENO"：使能输出。

⑦ "Status"：轴的使能状态。

⑧ "Busy"：标记 MC_Power 指令是否处于活动状态。

⑨ "Error"：标记 MC_Power 指令是否产生错误。

⑩ "ErrorID"：当 MC_Power 指令产生错误时，用 ErrorID 表示 "错误编号"。

⑪ "ErrorInfo"：当 MC_Power 指令产生错误时，用 ErrorInfo 表示 "错误信息"。

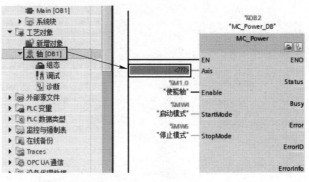

图　9-20

注意：运动控制指令之间不能使用相同的背景 DB 块，最方便的操作方式是在插入指令时由 AIT Portal 软件自动分配背景 DB 块。发生错误时，结合 ErrorID 和 ErrorInfo 数值，查看手册或是 AIT Portal 软件帮助信息中的说明，来获取错误原因信息。

3）"MC_Reset"确认故障指令：用于确认伴随轴停止出现的运行错误和组态错误，如图 9-21 所示。

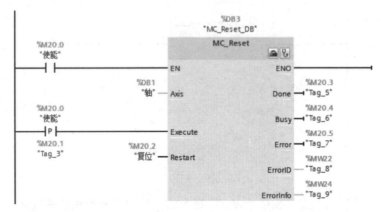

图　9-21

① "EN"：该输入端是"MC_Reset"指令的使能端。

② "Axis"：轴名称。

③ "Execute"："MC_Reset"指令的启动位，用沿触发。

④ "Restart"：复位。当 Restart = 0 时，用来确认错误；当 Restart = 1 时，将轴的组态从装载存储器下载到工作存储器中，只有在禁用轴的时候才能执行该命令。

⑤ "Done"：表示轴的错误已确认。

4）"MC_Home"回原点指令：用于使轴归位，设置参考点，将轴坐标与实际的物理驱动器位置进行匹配，轴做绝对位置定位前一定要触发"MC_Home"指令，如图 9-22 所示。

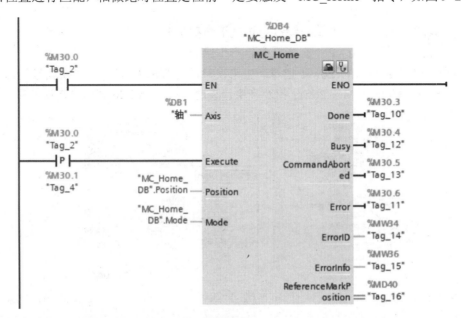

图　9-22

①"Position"：原点位置值。

②"Mode"：回原点模式值。当 Mode = 0 时，绝对式回零点，轴的位置值为参数"Position"的值，绝对是相对于原点而言的；当 Mode = 1 时，相对式回零点，轴的位置值为当前轴位置加参数"Position"的值；当 Mode = 2 时，被动回零点，轴的位置值为参数"Position"的值；当 Mode = 3 时，主动回零点，轴的位置值为参数"Position"的值。

"Position"和"Mode"引脚的添加：单击 按钮，选择"MC_Home_DB"→"Mode"选项，如图 9-23 所示。

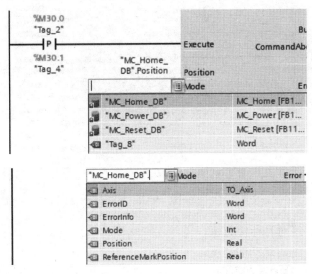

图　9-23

5）"MC_Halt"停止轴运行指令：用于停止所有运动，并以组态的减速度停止轴，常用"MC_Halt"指令来停止通过"MC_MoveAbsolute"绝对运动指令触发的轴的运行，如图 9-24 所示。

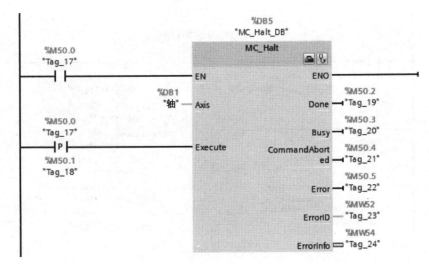

图　9-24

6）"MC_MoveAbsolute"绝对运动指令：使轴以某一速度进行绝对位置定位，如图 9-25

所示。在使能绝对运动指令之前，轴必须回原点，因此"MC_MoveAbsolute"指令之前必须有"MC_Home"指令。

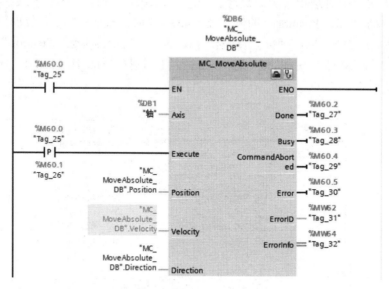

图 9-25

① "Position"：绝对目标位置值。
② "Velocity"：绝对运动的速度。
③ "Direction"：轴的运动方向。

7）"MC_MoveRelative"相对运动指令：使轴以某一速度在轴当前位置的基础上移动一段相对距离，不需要轴执行回原点命令，如图 9-26 所示。

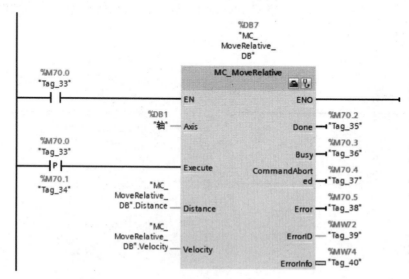

图 9-26

① "Distance"：相对轴当前位置移动的距离，其通过正/负数值来表示距离和方向。
② "Velocity"：相对运动的速度。

8）"MC_MoveVelocity"速度运行指令：使轴以预设的速度运行，如图 9-27 所示。

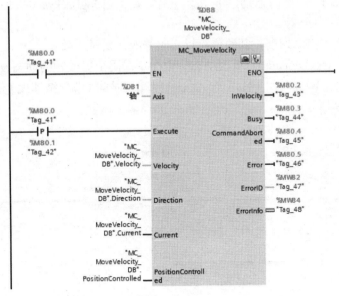

图　9-27

① "Velocity"：轴的速度。

② "Direction"：方向数值。当 Direction = 0 时，旋转方向取决于参数"Velocity"值的符号；当 Direction = 1 时，正方向旋转，忽略参数"Velocity"值的符号；当 Direction = 2 时，负方向旋转，忽略参数"Velocity"值的符号。

③ "Current"：保持当前速度。当 Current = 0 时，轴按照参数"Velocity"和"Direction"值运行；当 Current = 1 时，轴忽略参数"Velocity"和"Direction"值，轴以当前速度运行。

9）"MC_MoveJog"轴点动指令：在点动模式下以指定的速度连续移动轴，正向点动和反向点动不能同时触发，如图 9-28 所示。

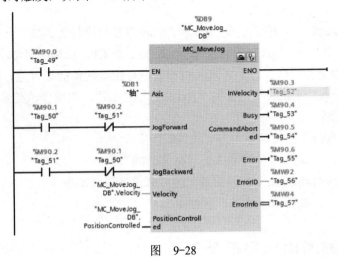

图　9-28

① "JogForward"：正向点动，不用上升沿触发。当 JogForward=1 时，轴开始运行；

JogForward=0，轴停止运行。

②"JogBackward"：反向点动，不用上升沿触发。当 JogBackward=1 时，轴开始运行；JogBackward=0，轴停止运行。

③"Velocity"：点动速度，其数值可以实时修改，实时生效。

10）"MC_ChangeDynamic"更改动态参数指令：用于更改轴的动态设置参数，包括加速时间（加速度）值、减速时间（减速度）值、急停减速时间（急停减速度）值、平滑时间（冲击）值，如图 9-29 所示。

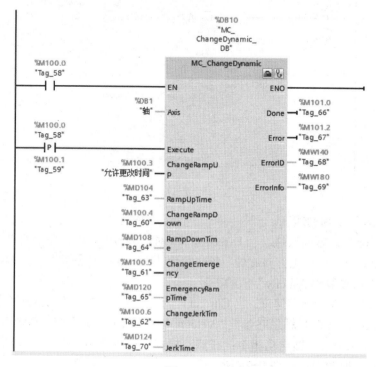

图 9-29

①"ChangeRampUp"：用于更改"RampUpTime"参数值的使能端。当 ChangeRampUp=0 时，表示不进行"RampUpTime"参数的修改；当 ChangeRampUp=1 时，表示进行"RampUpTime"参数的修改，每个可修改的参数都有相应的使能设置位，这里只介绍一个。当触发"MC_ChangeDynamic"指令的"Execute"引脚时，使能修改的参数值将被修改，不使能的不会被更新。

②"RampUpTime"：轴参数中的"加速时间"。

③"RampDownTime"：轴参数中的"减速时间"。

④"EmergencyRampTime"：轴参数中的"急停减速时间"。

⑤"JerkTime"：轴参数中的"平滑时间"。

9.3 常见功能所用编程指令

各轴功能在执行不同动作时的配合使用情况如下。

1）点动功能：至少需要"MC_Power"启动 / 禁用指令、"MC_Reset"确认故障指令和"MC_MoveJog"轴点动指令配合使用，如图 9-30 所示。

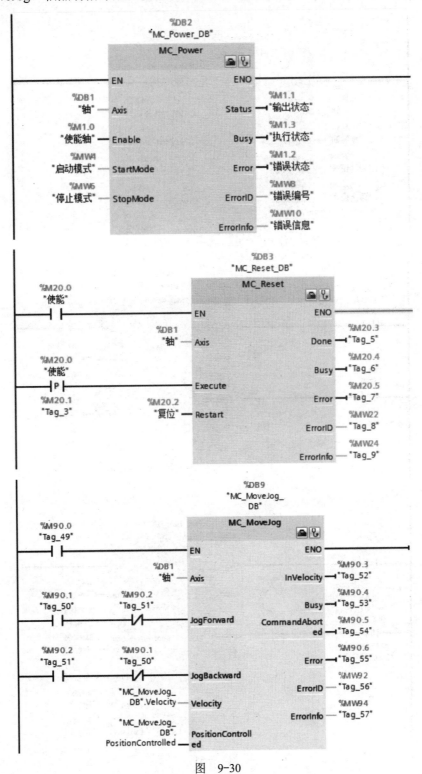

图　9-30

2）轴相对距离运行控制功能：需要"MC_Power"轴使能、"MC_Reset"轴复位、"MC_Halt"停止轴运行和"MC_MoveRelative"轴相对运动指令配合使用，如图 9-31 所示。

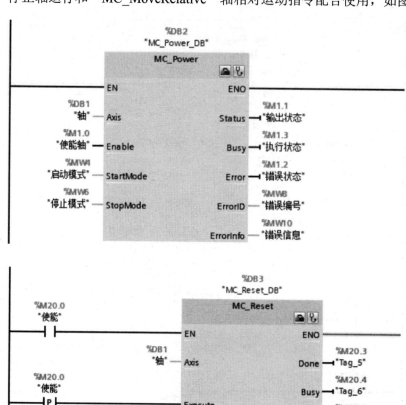

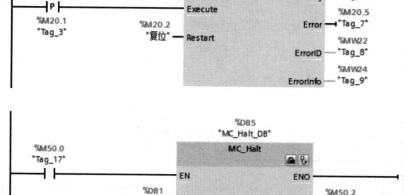

图 9-31

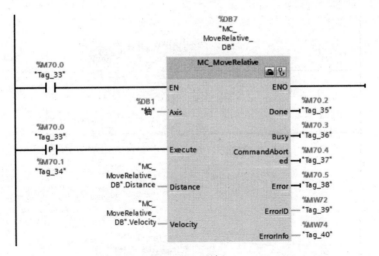

图　9-31（续）

3）轴绝对运动功能：需要"MC_Power"轴使能、"MC_Reset"轴复位、"MC_Halt"停止轴运行、"MC_MoveAbsolute"轴绝对运动和"MC_Home"轴回原点指令配合使用，如图 9-32 所示。在触发"MC_MoveAbsolute"指令前，轴要有回原点完成信号。

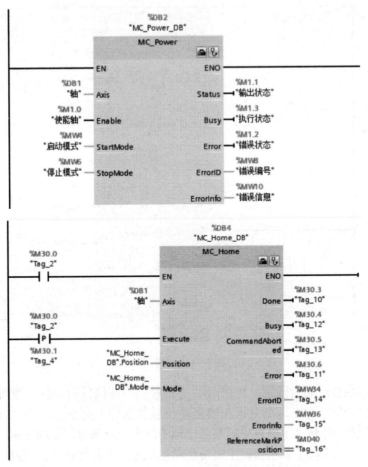

图　9-32

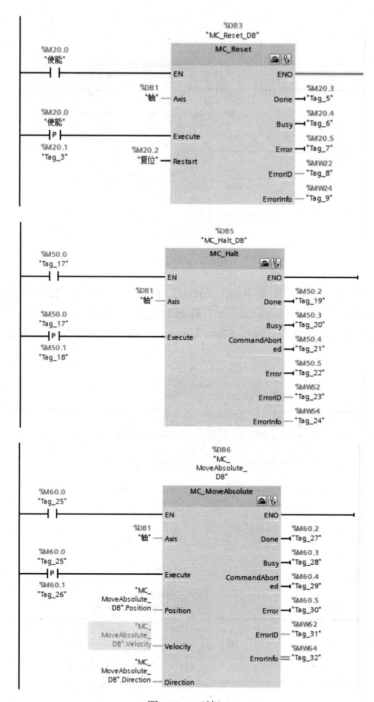

图 9-32（续）

相对运动和绝对运动的区别：相对运动是相对于当前位置的定位；绝对运动是相对于参考点点位置的定位。相对运动是指在轴当前位置的基础上向正方向或负方向移动一段距离；绝对运动是指当轴建立了绝对坐标系后，轴的每个位置都有固定的坐标，无论轴的当前位置值是多少，当轴执行了多次相同距离的绝动运动后，轴最终都定位到同一个位置，在执行绝对运动指令时需先回参考点。

第 10 章　SINAMICS V90 伺服 PN 控制

10.1　SINAMICS V90 伺服驱动简介

SINAMICS V90 伺服驱动，根据不同的应用分为两个版本，脉冲序列版本（集成了脉冲、模拟量和 USS/MODBUS）和 PROFINET 版本，如图 10-1 所示。

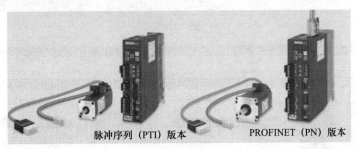

脉冲序列（PTI）版本　　　　PROFINET（PN）版本

图　10-1

SINAMICS V90 PTI 版本可以实现内部定位块功能，同时具有脉冲位置控制、速度控制、力矩控制模式。SINAMICS V90 PN 版本集成了 PROFINET 接口，可以通过 PROFIdrive 协议与上位控制器进行通信。

10.2　SINAMICS V90 通过 PROFINET 与 SIMATIC S7-1200 建立连接

SINAMICS V90 伺服电动机可以通过伺服调试软件来更改参数，操作方便、快捷。具体操作步骤如下：

1）下载并安装 SINAMICS V90 伺服电动机调试软件 V-ASSISTANT，如图 10-2 所示。

名称	修改日期	类型
bin	2020/12/22 16:16	文件夹
Data	2020/12/22 16:15	文件夹
Project	2020/12/22 16:15	文件夹
SINAMICS-V-ASSISTANT-v1-05-05	2018/9/29 9:34	文件夹

图　10-2

2）打开 V-ASSISTANT 软件，与 SINAMICS V90 PN 参数配置，如图 10-3 所示。

3）选择对应的驱动器、伺服电动机和控制模式，如图 10-4 所示。

4）单击"设置 PROFINET"→"选择报文"。"当前报文"选择"3：标准报文 3，PZD-5/9"，如图 10-5 所示。

5）配置 IP 地址和设备名称，如图 10-6 所示。

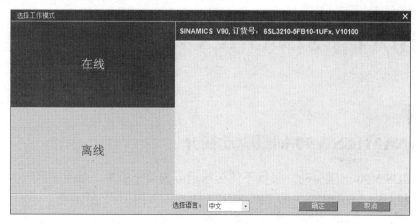

图　10-3

图　10-4

图　10-5

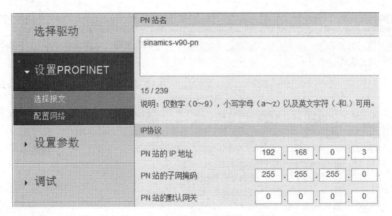

图　10-6

在本例中，设备名称为"sinamics-v90-pn"，IP 地址为"192.168.0.3"。在设备名称和 IP 地址配置完成之后，必须保存参数并重启驱动来激活配置。

6）选择"调试"→"测试电机"，设定一个速度以测试电机是否正常运行，如图 10-7 所示。

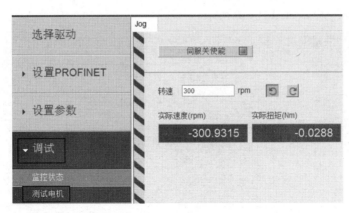

图　10-7

7）新建项目，按实物添加 SIMATIC S7-1200 CPU，如图 10-8 所示。

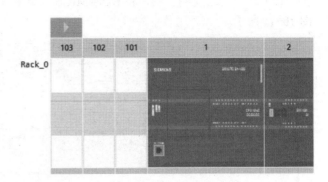

图　10-8

8）在"网络视图"的"目录"中输入"V90"进行搜索并双击添加，如图 10-9 所示。

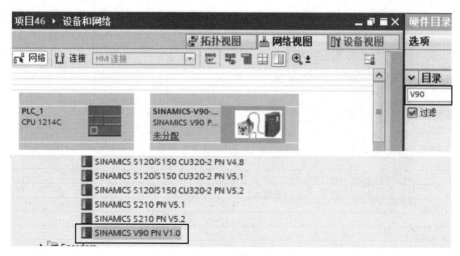

图 10-9

9）设置 SIMATIC S7-1200 CPU PROFINET 接口属性：选择"以太网地址"，设置"IP 地址"，该地址为 PLC 的 IP 地址，要保证该地址和 SINAMICS V90 的 IP 地址在同一个网段，即前三组数字必须一样，如图 10-10 所示。

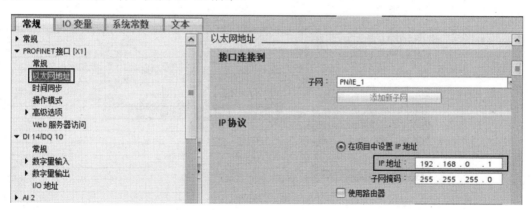

图 10-10

10）在"网络视图"中，将 SINAMICS V90 和 SIMATIC S7-1200 CPU 连接在一起，如图 10-11 所示。

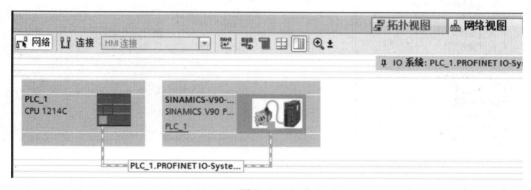

图 10-11

11）设置 SINAMICS V90 驱动属性：打开"以太网地址"，将"IP 地址"设置为与 PLC 的 IP 地址在同一个网段，勾选"自动生成 PROFINET 设备名称"，如图 10-12 所示。

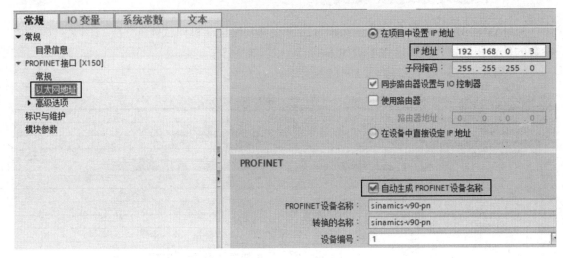

图　10-12

需要注意的是，PROFINET 设备名称必须和 SINAMICS V90 调试软件"配置网络"中"PN 站名"一致，如图 10-13 所示。

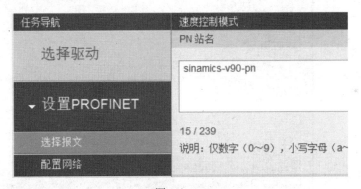

图　10-13

12）双击"SINAMICS-V90-PN"打开"子模块"，双击"标准报文 3，PZD-5/9"，完成添加并下载，如图 10-14 所示。

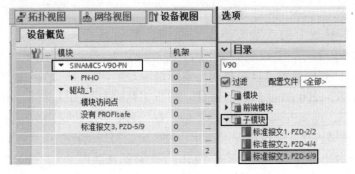

图　10-14

10.3 SINAMICS V90 通过 PROFINET 与 SIMATIC S7-1200 工艺对象连接设置

SIMATIC S7-1200 工艺对象连接设置：可根据伺服电动机调试软件，完成一系列电动机参数的配置和调试。具体操作步骤如下：

1）插入工艺对象 TO，如图 10-15 所示。

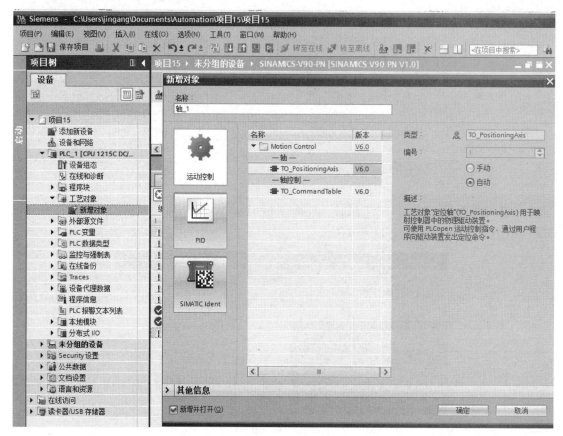

图 10-15

2）"驱动器"的类型选择"PROFIdrive"网络驱动，如图 10-16 所示。

3）在"基本参数"的"驱动器"页面下，驱动器选择"SINAMICS-V90-PN"，设备类型为"标准报文 3"，如图 10-17 所示。

4）在"基本参数"的"编码器"页面中，编码器的连接方式选择"RROFINET/PROFIBUS 上的编码器"，"设备类型"为"标准报文 3..."，如图 10-18 所示。

5）设备调试：其他参数可以根据现场实际情况设定调整，可对默认参数编译并将项目下载到 SIMATIC S7-1200 CPU 后进行调试。打开工艺对象的调试界面，单击 按钮激活"轴控制面板"，再单击 按钮启用轴，在"命令"下拉选项中选择对应的控制命令进行测试。如果测试成功，就可以应用第 9 章的内容编写运动控制程序，如图 10-19 所示。

6）如果测试时出现图 10-20 所示的"超出了允许的跟随误差（常规）"信息，则应取消"启用随动误差监视"选项，如图 10-21 所示。

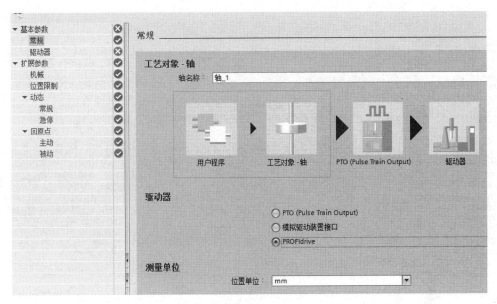

图　10-16

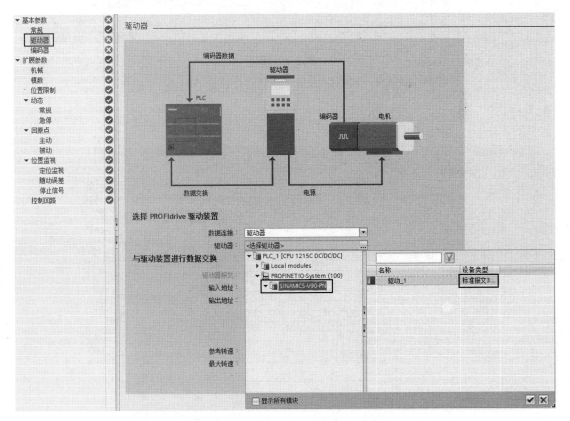

图　10-17

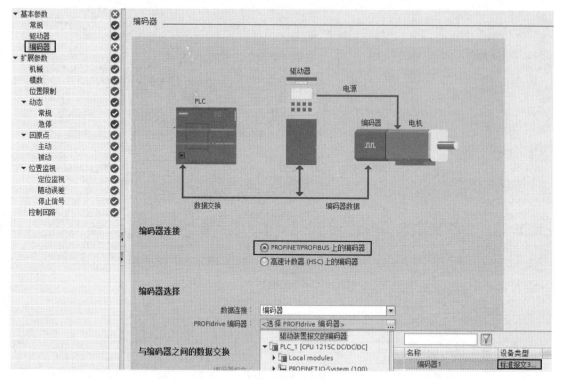

图 10-18

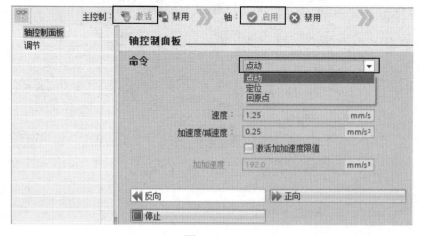

图 10-19

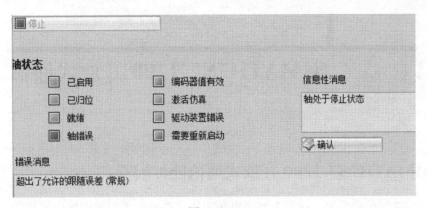

图　10-20

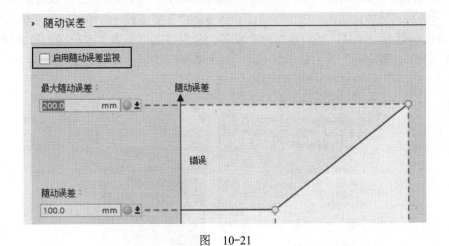

图　10-21

第 11 章 SIMATIC S7-1200 开放式通信

11.1 SIMATIC S7-1200 开放式通信硬件配置

开放式的协议是公开的，任何人都可以按照协议的内容去实现该协议的通信。对于具有集成 PN/IE 接口的 CPU，可使用 CPU、UDP 和 ISO-on-TCP 连接类型进行开放式的用户通信，其传送数据结构灵活性比较高。由于客户端和服务器都需要写程序，所以又称双边通信。

1）首先新建一个项目，然后添加两个设备，分别将其命名为"客户端"和"服务器"。为了将其区分，"客户端"选用继电器 PLC，"服务器"选用晶体管 PLC，如图 11-1 所示。

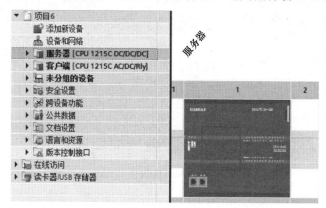

图　11-1

2）进入设备组态，选择"网络视图"，如图 11-2 所示。

图　11-2

3）打开"客户端" CPU 属性，进行以太网设置，单击"添加新子网"，如图 11-3 所示。

4）打开"服务器" CPU 属性，进行以太网设置，选择图 11-3 中新添加的子网，目的是保证客户端和服务器在同一个网段，如图 11-4 所示。

5）将窗口切换至"网络视图"，如图 11-5 所示，显示客户端和服务器已经建立连接。

6）分别在 CPU 属性中开启客户端和服务器的周期时钟和系统存储器，如图 11-6 所示。

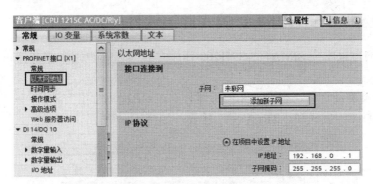

图　11-3

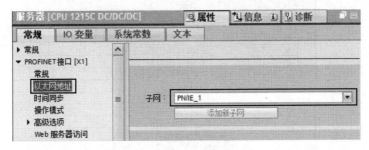

图　11-4

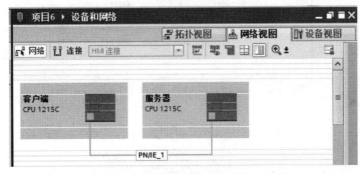

图　11-5

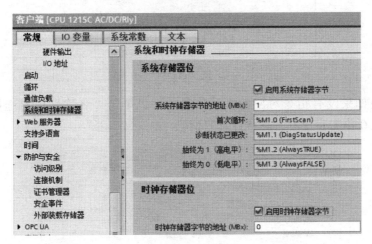

图　11-6

11.2　SIMATIC S7-1200 开放式通信软件配置

通过以太网可以实现 SIMATIC S7-1200 开放式通信，客户端和服务器可用于发送命令和接收指令。

1）硬件配置完成之后，客户端和服务器分别在 OB1 中调用"通信"→"开放式用户通信"→"TSEND_C"发送和"TRCV_C"接收，如图 11-7 所示。

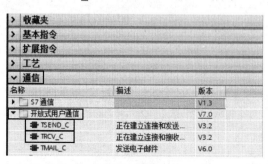

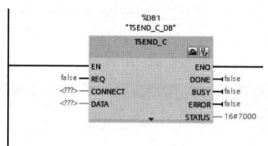

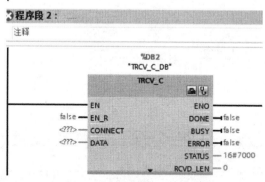

图　11-7

图 11-7 中如果没有指令对应的描述信息，可以单击"名称"后勾选描述信息，如图 11-8 所示，在添加指令时会默认背景数据块。

图　11-8

2）"TSEND_C"发送指令引脚的设置：

①单击指令块上■进行填写，如图 11-9 所示。

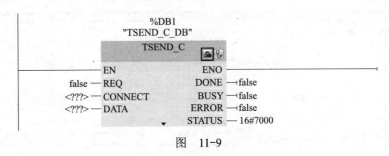

图　11-9

②打开发送的连接参数，首先选择"伙伴"为"客户端"，然后新建一个"连接数据"，并勾选"主动建立连接"，新建的连接数据将出现在指令块上 CONNECT 引脚，参数设置完成，如图 11-10 所示。

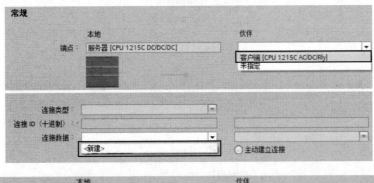

图　11-10

③ DATE 引脚的设置：DATA 为数据发送的存放地址，以指针的形式存在。单击指令块上■，选择"块参数"进行块参数设置，如图 11-11 所示。其中"发送区域"的"起始地址"为"M100.0"，"长度"为"2"，"长度"的数据类型为"Int"，表示发送的数据为MW100 和 MW102。

④其他引脚根据自身数据格式来填写，如图 11-12 所示。

3）"TRCV_C"接收指令引脚的设置：①单击指令块上 进行填写，如图 11-13 所示。

图　11-11

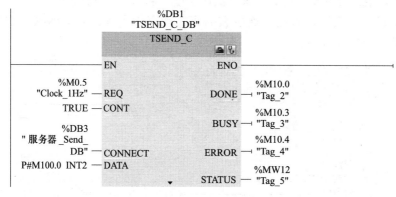

图　11-12

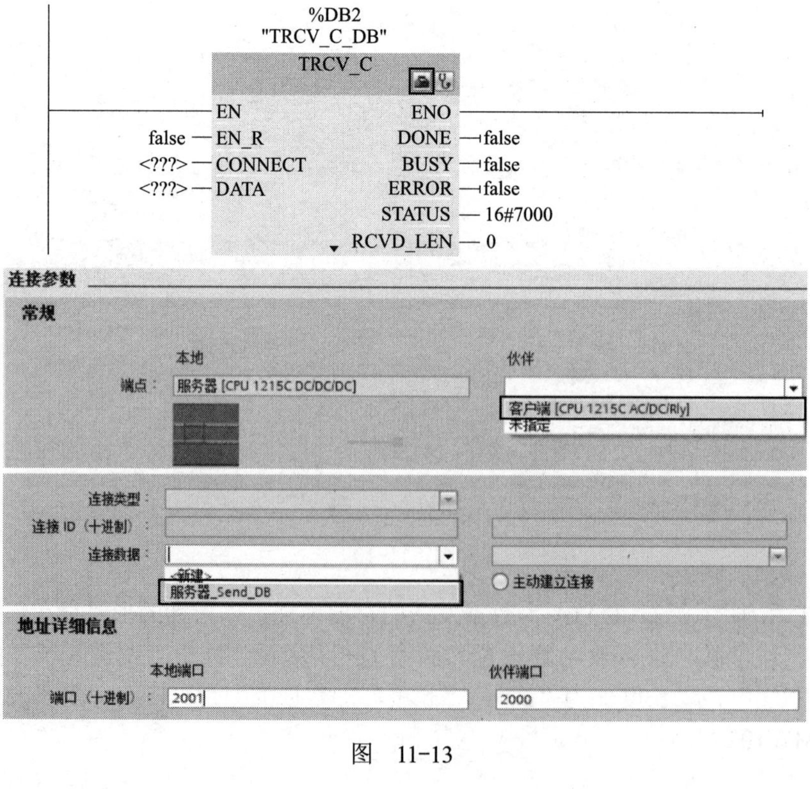

图　11-13

②打开接收的连接参数，首先选择"伙伴"为"客户端"，然后选择发送建立好的服务器数据块，"主动建立连接"会自动勾选，新建的连接数据将出现在指令块上 CONNECT 引脚，参数设置完成，如图 11-14 所示。

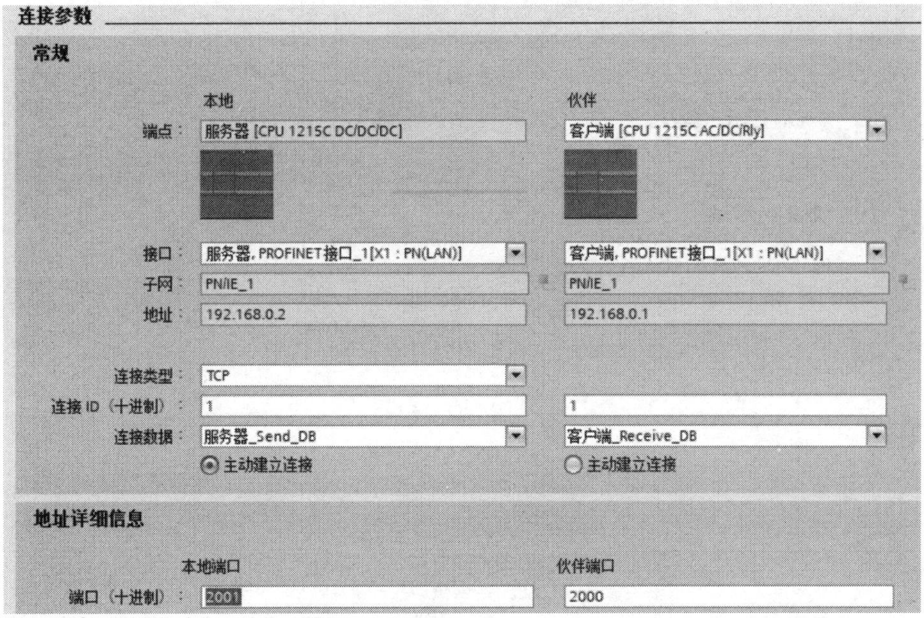

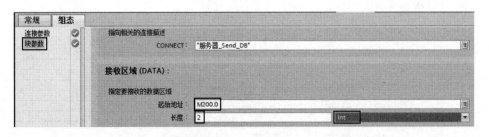

图 11-14

③ DATA 引脚的设置：OATE 为数据接收的存放地址，以指针的形式存在。单击指令块上，选择"块参数"来设置块参数，如图 11-15 所示。

图 11-15

其中"接收区域"的"起始地址"为"M200.0"，"长度"为"2"，"长度"的数据类型是"Int"，表示接收的数据存放在 MW200 和 MW202 两个数据中。

④其他引脚根据自身数据格式来填写，如图 11-16 所示。

4）按同样的操作在"客户端"中进行发送和接收的配置。"客户端"程序如图 11-17 所示，"服务器"程序如图 11-18 所示。需要注意的是"客户端"的发送数据为"服务器"的接收数据，"客户端"的接收数据为"服务器"的发送数据，其中发送和接收数据的地址可以不同。

5）下载并监视，如图 11-19 所示。

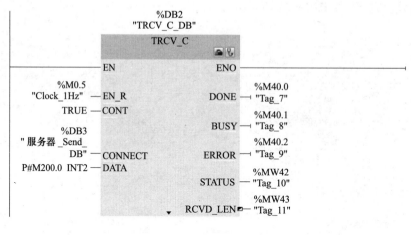

图　11-16

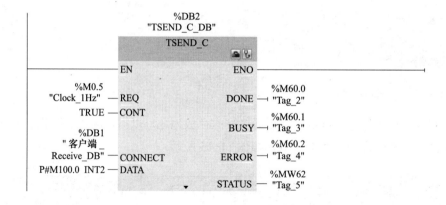

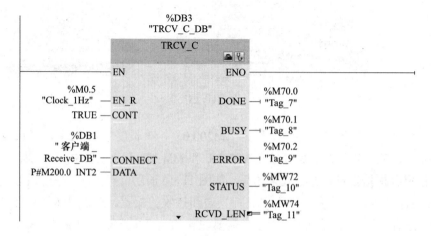

图　11-17

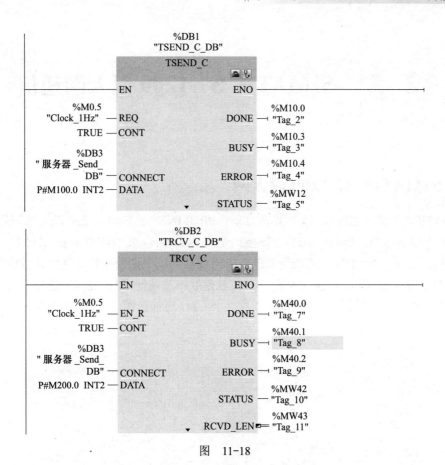

图　11-18

图　11-19

第12章　SIMATIC S7-1200 以太网通信

12.1　SIMATIC S7-1200 以太网

SIMATIC S7-1200 CPU 本体上集成了一个 PROFINET 通信口，支持以太网和基于 TCP/IP、UDP 的通信标准。PROFINET 物理接口是支持 10Mb/s 或 100Mb/s 的 RJ45 口，支持电缆交叉自适应，因此一个标准的或交叉的以太网线都可以用这个接口。使用该通信口可以实现 SIMATIC S7-1200 CPU 与编程设备、HMI 触摸屏以及其他 CPU 之间的通信。

1）在 CPU 常规属性的连接资源中查看当前 CPU 连接资源，如图 12-1 所示。

连接资源				
		站资源		模块资源
		预留	动态 !	PLC_1 [CPU 1215C DC/DC/...
最大资源数：		62	6	68
	最大	已组态	已组态	已组态
PG 通信：	4	-	-	-
HMI 通信：	12	0	0	0
S7 通信：	8	0	0	0
开放式用户通信：	8	0	0	0
Web 通信：	30	-	-	-
其它通信：	-	-	0	0
使用的总资源：		0	0	0
可用资源：		62	6	68

图　12-1

2）SIMATIC S7-1200 CPU 的 PROFINET 通信口有两种网络连接方法：第一种直接连接，当一个 SIMATIC S7-1200 CPU 与一个编程设备、HMI 或另一个 PLC 通信时，即只有两个通信设备时，实现的是直接连接，直接连接不需要使用交换机，用网线直接连接两个设备即可，如图 12-2 所示；第二种网络连接，当多个通信设备进行通信时，即通信设备为两个以上时，实现的是网络连接，网络连接需要使用交换机来实现，如图 12-3 所示。

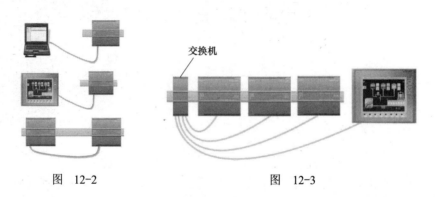

交换机

图　12-2　　　　　　　　　　　　图　12-3

154

12.2　SIMATIC S7-1200 和 SIMATIC S7-200 SMART 的以太网 S7 通信硬件设置

SIMATIC S7-1200 的 PROFINET 通信口可以做 S7 通信的服务器或客户端（CPU 版本必须在 V2.0 以上）。SIMATIC S7-1200 仅支持单边通信，用户需要在客户端单边组态连接和编程，而服务器只需要准备好通信数据。具体设置步骤如下：

1）新建一个项目，组态设备添加 CPU，打开 CPU 属性，给 PROFINET 接口添加新的子网，如图 12-4 所示。

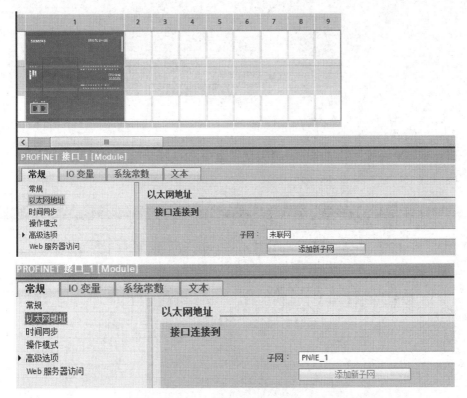

图　12-4

2）打开"网络视图"选择"连接"中的"S7 连接"，如图 12-5 所示。

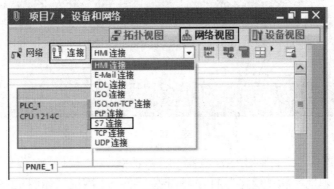

图　12-5

3）选择 CPU 右击，在弹出的右键菜单中选择"添加新连接"，如图 12-6 所示。

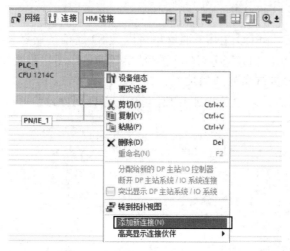

图　12-6

4）在"添加新连接"对话框中，"类型"选择"S7 连接"，然后单击"添加"，如图 12-7 所示。

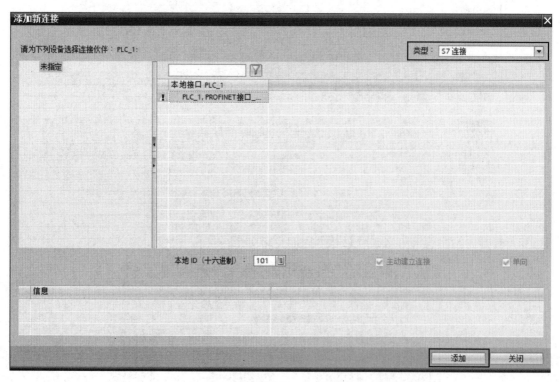

图　12-7

5）双击"S7_连接_1"，弹出"S7_连接_1"对话框，对"伙伴"名称和 IP 地址进行设置，需要注意的是，"本地"和"伙伴"的 IP 地址必须在一个网段，如图 12-8 所示。

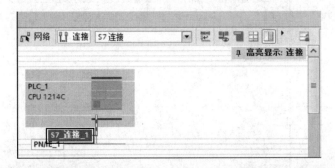

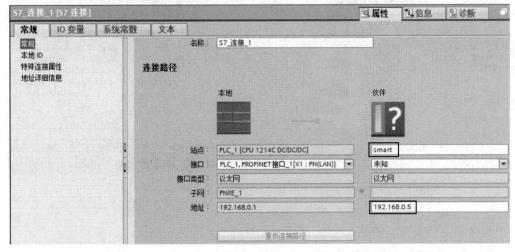

图 12-8

6）在"常规"中查看"本地 ID"，如图 12-9 所示。

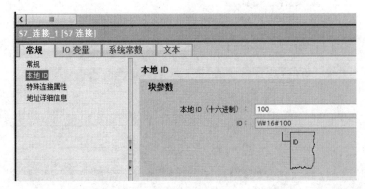

图 12-9

7）创建一个"发送数据块"DB1，如图 12-10 所示。

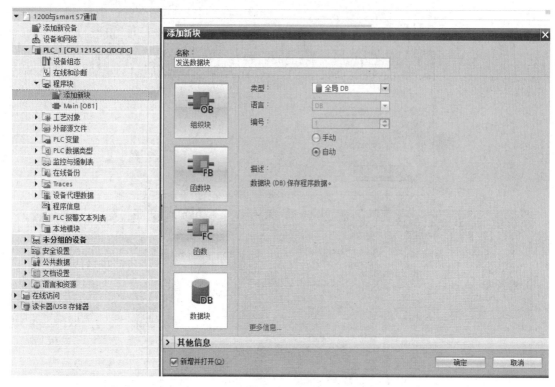

图 12-10

8）取消"勾选优化的块访问"，如图 12-11 所示。

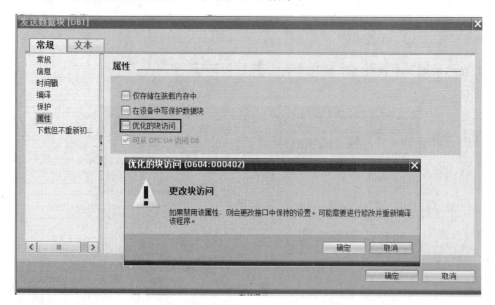

图 12-11

9）启用系统和时钟存储器，如图 12-12 所示。

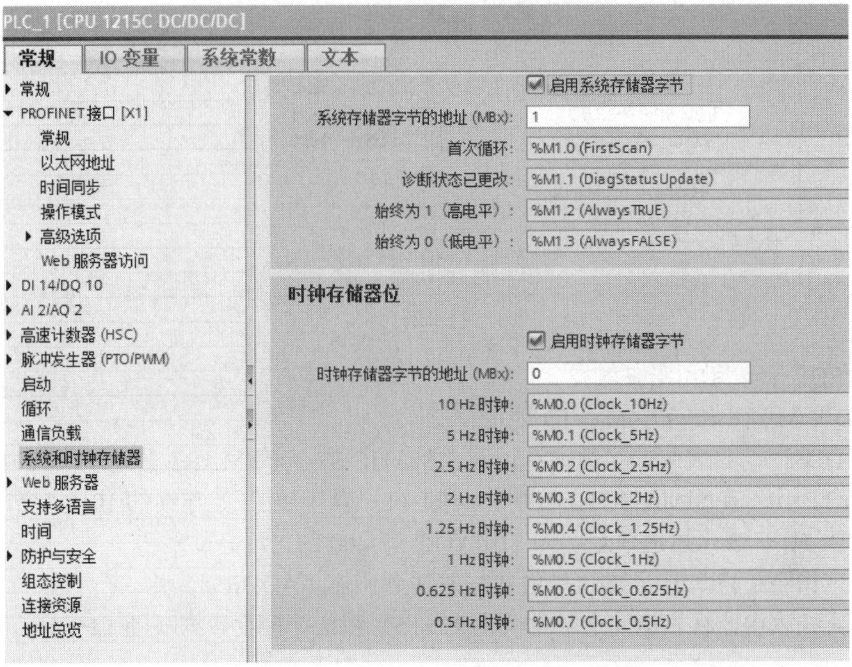

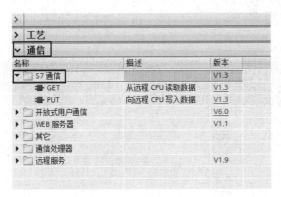

图　12-12

12.3　SIMATIC S7-1200 和 SIMATIC S7-200 SMART 的以太网 S7 通信软件设置

在 SIMATIC S7-1200 和 SIMATIC S7-200 SMART 的以太网 S7 通信中，SIMATIC S7-1200 作为客户机，SIMATIC S7-200 SMART 作为服务器时的软件设置方法如下。

1）在"通信"中选择"S7 通信"指令，如图 12-13 所示。

图　12-13

2）在 OB1 中调用"PUT"指令，如图 12-14 所示。

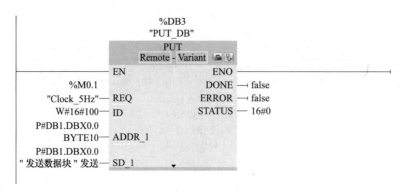

图 12-14

① "REQ"：表示用沿来触发。

② "ID" 表示图 12-9 中本地 ID 地址。

③ "ADDR_1"：表示伙伴的地址，即 SIMATIC S7-200 SMART 的地址，其中 "P#DB1.DBX0.0 BYTE 10" 是 SIMATIC S7-200 SMART PLC 从 VB0 开始连续的 10 个字节。

④ "SD_1"：表示本地地址，即 SIMATIC S7-200 的地址。

"PUT" 指令是将本地 "SD_1" 的数据发送到伙伴 "ADDR_1" 中。

3）在监控表中监视本地发送数据（图 12-15）和伙伴接收数据（图 12-16）。

1200与smart S7通信 ▸ PLC_1 [CPU 1215C DC/DC/DC] ▸ 监控与强制表 ▸ 监控表_1

	i	名称	地址	显示格式	监视值
1		"发送数据块".发送[0]	%DB1.DBB0	无符号十进制	33
2		"发送数据块".发送[1]	%DB1.DBB1	无符号十进制	2
3		"发送数据块".发送[2]	%DB1.DBB2	无符号十进制	13
4		"发送数据块".发送[3]	%DB1.DBB3	无符号十进制	17
5		"发送数据块".发送[4]	%DB1.DBB4	十六进制	16#55
6		"发送数据块".发送[5]	%DB1.DBB5	十六进制	16#00
7		"发送数据块".发送[6]	%DB1.DBB6	十六进制	16#00
8		"发送数据块".发送[7]	%DB1.DBB7	十六进制	16#00
9		"发送数据块".发送[8]	%DB1.DBB8	十六进制	16#00
10		"发送数据块".发送[9]	%DB1.DBB9	十六进制	16#00
11		"发送数据块".发送[10]	%DB1.DBB10	十六进制	16#00

图 12-15

状态图表

	地址	格式	当前值	新值
1	VB0	无符号	33	
2	VB1	无符号	2	
3	VB2	无符号	13	
4	VB3	无符号	17	
5	VB4	无符号	85	
6	VB5	无符号	0	
7	VB6	无符号	0	
8	VB7	无符号	0	
9	VB8	无符号	0	
10	VB9	无符号	0	

图 12-16

4）在 OB1 中调用"GET"指令，"GET"指令是用伙伴的"ADDR_1"读取本地"RD_1"的数据，如图 12-17 所示。

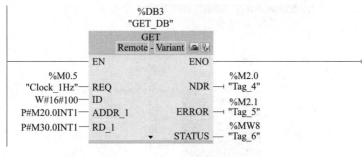

图　12-17

如果不想创建数据块可以直接读取数据块，其中"M20.0 INT 1"表示起始地址为 M20.0，长度为 1，数据类型是 INT 整数，也就是 MW20。

5）在监控表中监视伙伴并读取本地数据，如图 12-18 所示。

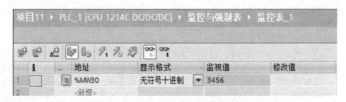

图　12-18

12.4　SIMATIC S7-1200 和 SIMATIC S7-200 SMART 的 Modbus 通信

Modbus 具有两种串行传输模式，分别为 ASCII 和 RTU。Modbus 是一种单主站的主从通信模式，其网络上只能有一个主站存在。主站在 Modbus 网络上没有地址，每个从站必须有唯一的地址，从站的地址范围为 1 ～ 247。Modbus RTU 通信以主从的方式进行数据传输，在传输的过程中 Modbus RTU 主站是主动方，即主站发送数据请求报文到从站，Modbus RTU 从站返回响应报文。

在 SIMATIC S7-1200 中，CM 1241（RS232）模块、CM 1241（RS485）模块、CM 1241（RS422/485）模块和 CB 1241（RS485）模块支持 Modbus RTU 通信。需要注意的是，当通信模块 CM 1241（RS232）作为 Modbus RTU 主站时，只能与一个从站通信；当通信模块 CM 1241（RS485）作为 Modbus RTU 主站时，则允许建立最多与 32 个从站的通信。下面以 Modbus RTU 通信为例介绍。

1）创建 SIMATIC S7-1200 Modbus RTU 通信项目并添加 CM 1241（RS422/485）模块，如图 12-19 所示。

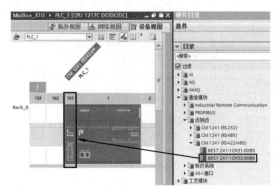

图　12-19

2）设定 CM 1241（RS422/485）接口"端口组态"参数，如图 12-20 所示。

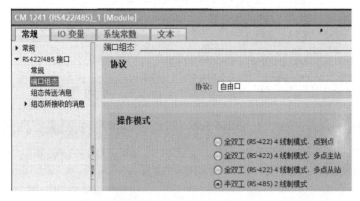

图　12-20

3）在"系统常数"中查看 CM 1241（RS422/485）模块的硬件标识符，如图 12-21 所示。

图　12-21

4）打开 CPU 属性，设置开启系统和时钟存储器，如图 12-22 所示。

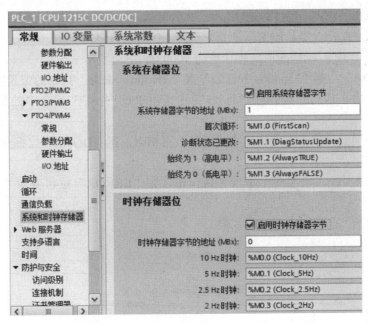

图　12-22

5）在通信中选择"MODBUS（RTU）"指令，如图 12-23 所示。

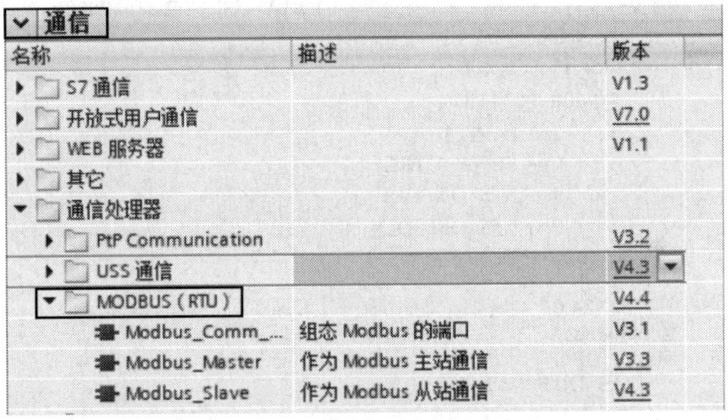

图　12-23

Modbus RTU 主站编程需要调用"Modbus_Comm_Load"指令和"Modbus_Master"指令。其中，"Modbus_Comm_Load"指令通过 Modbus RTU 协议对通信模块进行组态，"Modbus_Master"指令可通过由"Modbus_Comm_Load"指令组态的端口作为 Modbus 主站进行通信，"Modbus_Comm_Load"指令的"MB_DB"参数必须连接到"Modbus_Master"指令的（静态）"MB_DB"参数。

6）Modbus RTU 主站调用"Modbus_Comm_Load"指令，如图 12-24 所示。

①"REQ"：采用上升沿触发。

②"PORT"：通信端口的硬件标识符。

③"BAUD"：波特率选择，可选择 3600、6000、12000、2400、4800、9600、19200、38400、57600、76800、115200。

④"PARITY"：奇偶检验选择，0 表示无，1 表示奇校验，2 表示偶校验。

⑤"FLOW_CTRL"：流控制选择，0 表示无流控制（默认值）。

⑥"RTS_ON_DLY"：RTS 延时选择，0 为默认值。

⑦"RTS_OFF_DLY"：RTS 关断延时选择，0 为默认值。

⑧"RESP_TO"：响应超时，默认值为 1000 ms。

⑨"MB_DB"：对"Modbus_Master"或"Modbus_Slave"指令的背景数据块的引用。"MB_DB"参数必须与"Modbus_Master"或"Modbus_Slave"指令中的静态变量"MB_DB"参数相连。

⑩"DONE"：如果上一个请求完成并且没有错误，则"DONE"位将变为"TRUE"，并保持一个周期。

⑪"ERROR"：如果上一个请求完成出错，则"ERROR"位将变为"TRUE"，并保持一个周期。

⑫"STATUS"：端口组态错误代码。

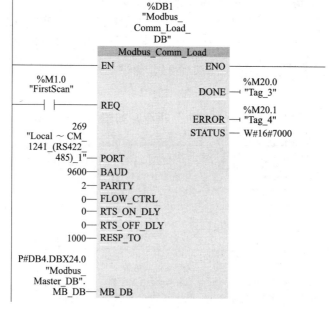

图 12-24

7）Modbus RTU 主站调用"Modbus_Master"指令，如图 12-25 所示。

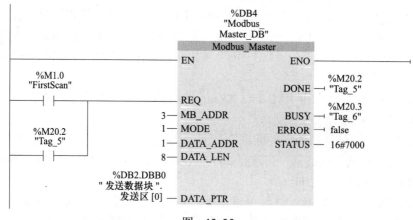

图 12-25

① "REQ"：建议采用上升沿触发，也可以用完成位或者错误位来触发，形成完成位循环。

② "MB_ADDR"：Modbus RTU 从站默认地址范围为 1 ～ 247。

③ "MODE"：读取或写入模式的选择，"0"表示读取，"1"表示写入。

④ "DATA_ADDR"：从站功能码起始地址。

⑤ "DATA_LEN"：数据长度。

⑥ "DATA_PTR"：数据指针，默认指主站的地址数据写入或数据读取的标记或数据块地址。

⑦ "DONE"：如果上一个请求完成并且没有错误，则"DONE"位将变为"TRUE"，并保持一个周期。

⑧ "BUSY"：当前执行状态。BUSY = 0 时，无正在进行的 MOUBUS_MASTER 操作。BUSY = 1 时，MOUBUS_MASTER 操作正在进行。

⑨ "ERROR"：如果上一个请求完成出错，则"ERROR"位将变为"TRUE"，并保持一个周期。

⑩ "STATUS"：端口组态错误代码。

8）当 Modbus RTU 网络中存在多个 Modbus RTU 从站，或一个 Modbus RTU 从站同时需要读操作和写操作时，则需要调用多个"Modbus_Master"指令，"Modbus_Master"指令之间需要采用完成位的轮询方式调用，如图 12-26 所示。

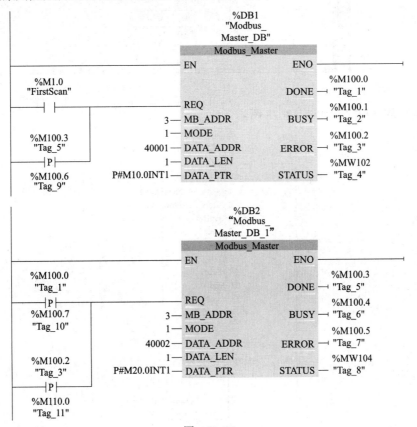

图　12-26

完成位的轮询是指用第一条指令的完成位和错误位来触发第二条指令，再用第二条指令的完成位和错误位来触发第一条指令。

9）设定 SIMATIC S7-200 SMART 串口属性，将 RS485 端口地址改为"3"，如图 12-27 所示。

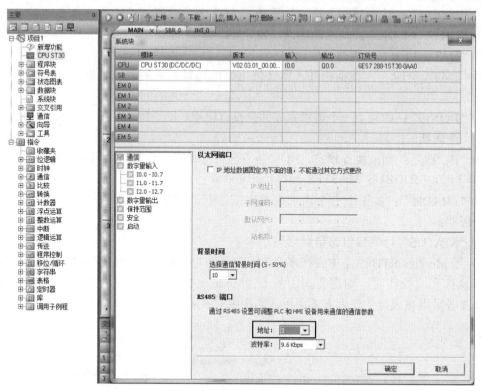

图　12-27

10）编写从站程序，如图 12-28 所示。

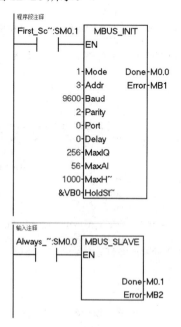

图　12-28

通常 Modbus 地址由 5 位数字组成，包括起始的数据类型代号以及后面的偏移地址。Modbus Master 协议库把标准的 Modbus 地址映射为 Modbus 功能号，读写从站的数据。Modbus Master 协议库支持如下地址：

① 00001 ～ 09999：数字量输出（线圈）。

② 10001 ～ 19999：数字量输入（触点）。

③ 30001 ～ 39999：输入数据寄存器（通常为模拟量输入）。

④ 40001 ～ 49999：数据保持寄存器。

第 13 章 　PID 控制

13.1　PID 功能概述

PID 功能用于对闭环过程进行控制，PID 控制适用于温度、压力、流量等物理量，是工业现场中应用最为广泛的一种控制方式。PID 控制的原理是，对被控对象设定一个给定值，然后测量出实际值并与给定值比较，将其差值送入 PID 控制器，PID 控制器按照一定的运算规律计算出结果即为输出值，最后将输出值送到执行器进行调节。PID 中的 P、I、D 分别表示比例、积分、微分，是一种闭环控制算法。通过这些参数，可以使被控对象随给定值变化并使系统达到稳定，自动消除各种干扰对控制过程的影响。

比例（P）：偏差乘以的一个系数。纯比例调节会产生稳态误差，比例越大，调节速度越快；纯比例调节也容易让系统产生振荡，比例越小，调节速度越慢。

积分（I）：对偏差进行积分控制，用以消除纯比例调节产生的稳态误差。积分过大，有可能导致系统超调；积分过小，系统调节缓慢。

微分（D）：根据偏差的变化速度调节，与偏差大小无关，用于有较大滞后的控制系统，不能消除稳态误差。

13.2　SIMATIC S7-1200 PID 指令

SIMATIC S7-1200 CPU 提供了 PID 控制器回路，其数量受 CPU 的工作内存及支持 DB 块数量的限制。严格上说并没有限制具体数量，但在实际应用中推荐不要超过 16 路 PID 回路。PID 回路可同时进行控制，用户既可手动调试参数，也可使用自整定功能。软件提供了两种自整定方式，可由 PID 控制器自动调试参数。另外 STEP7 Basic 还提供了调试面板，用户可以直观地了解控制器及被控对象的状态。PID 指令块的参数分为输入参数与输出参数两部分。用户仅需定义部分最基本的参数，如给定值、反馈值、输出值等。定义这些参数可实现控制器最基本的控制功能，如手自动切换、模式切换等，使用这些参数可使控制器具有更丰富的功能。

"PID_Compact" 指令如图 13-1 所示。

① "Setpoint"：PID 控制器在自动模式下的设定值。

② "Input"：PID 控制器的反馈值（工程量）。

③ "Input_PER"：PID 控制器的反馈值（模拟量）。

④ "Disturbance"：预控制值。

⑤ "ManualEnable"：为 1 时激活 "手动模式"，与当前 Mode 的数值无关。

⑥ "ManualValue"：用作手动模式下的 PID 输出值。

⑦ "ErrorAck"：为 1 时，错误确认，清除已经离开的错误信息。

⑧ "Reset"：重新启动控制器。

⑨ "ModeActivate"：为 1 时 "PID_Compact" 将切换到保存在 Mode 参数中的工作模式。

⑩ "Mode"：在 "Mode" 上指定 "PID_Compact" 将转换到的工作模式。State=0，表示未激活；State=1，表示预调节；State=2，表示精确调节；State=3，表示自动模式；State=4，表示手动模式。

⑪ "ScaledInput"：标定的过程值。

⑫ "Output"：PID 的输出值（REAL 形式）。

⑬ "Output_PER"：PID 的输出值（模拟量）。

⑭ "Output_PWM"：PID 的输出值（脉宽调制）。

⑮ "SetpointLimit_H"：上限。

⑯ "SetpointLimit_L"：下限。

⑰ "InputWarning_H"：超出警告上限。

⑱ "InputWarning_L"：超出警告下限。

⑲ "Error"：错误位。

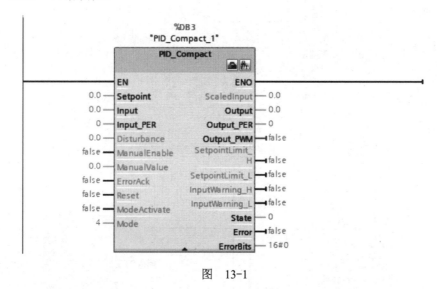

图　13-1

13.3　SIMATIC S7-1200 PID Compact 组态步骤

SIMATIC S7-1200 PID Compact 指令调用和数据块建立的步骤如下。

1）使用 PID 功能：首先单击 "OB 组织块"，再添加 "Cyclic interrput" 循环中断。在循环中断的属性中，可以修改中断 "循环时间"，如图 13-2 所示。

2）在 "指令" 中打开 "PID_Compact" 指令并将其添加至循环中断，如图 13-3 所示。当添加完 "PID_Compact" 指令后，在 "工艺对象" 文件夹中，会自动关联出 "PID_Compact_x[DBx]"，包含其组态界面和调试功能，如图 13-4 所示。

3）使用 PID 控制器前，需要对其进行组态设置，分为基本设置、过程值设置和高级设置三部分，如图 13-5 所示。

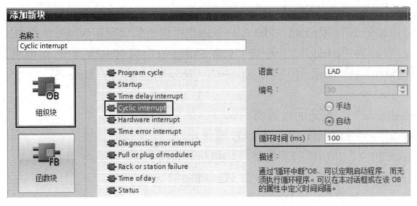

图　13-2

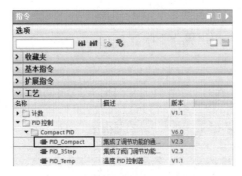

图　13-3

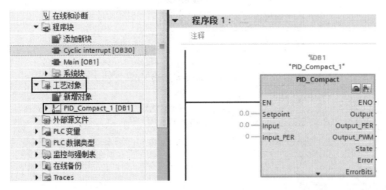

图　13-4

图　13-5

13.4 SIMATIC S7-1200 PID Compact 组态基本设置

SIMATIC S7-1200 PID Compact 控制面板的设置和手动曲线。

1）"基本设置"中"控制器类型"的设置："控制器类型"选择"常规"，过程值选择物理量和测量单位。正作用：随着 PID 控制器的偏差增大，输出值增大。反作用：随着 PID 控制器的偏差增大，输出值减小。当"PID_Compact"反作用时，用户可以勾选"反转控制逻辑"选项，如图 13-6 所示。

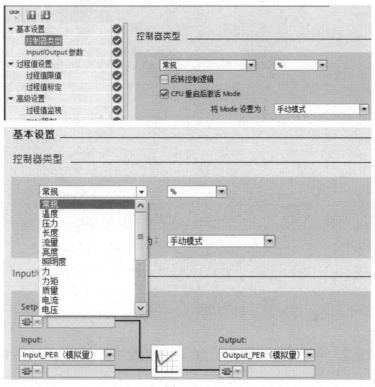

图 13-6

2）"基本设置"中"Input/Output 参数"的设置：定义 PID 过程值和输出值的内容参考 13.3 节，设置输入为"Input"，此处需要做转换；输出为"Output_PER（模拟量）"，如图 13-7 所示。

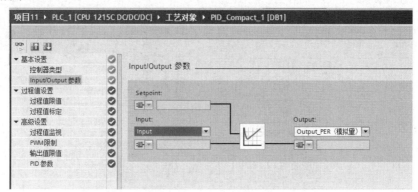

图 13-7

3）"过程值设置"中"过程值限值"的设置，如图 13-8 所示。

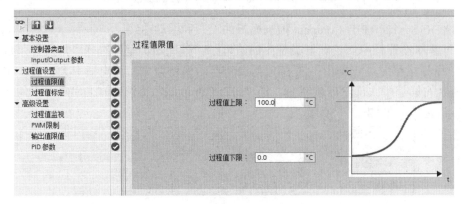

图　13-8

4）"高级设置"中"过程值监视"的设置，如图 13-9 所示。

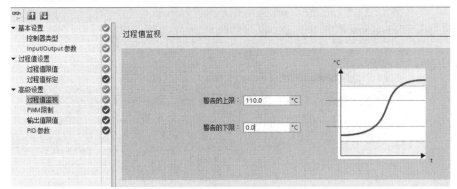

图　13-9

5）"高级设置"中"PID 参数"的设置：一般温度控制器结构选择"PI"，如图 13-10 所示。

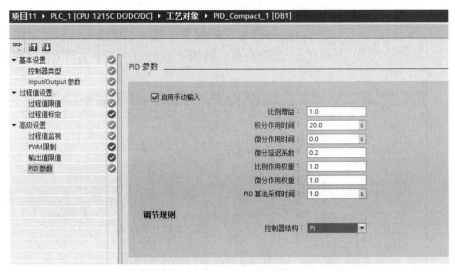

图　13-10

6）将输入的 RTD 采集的温度进行转换，如图 13-11 所示。

图 13-11

7）填写"PID_Compact"的引脚，如图 13-12 所示。

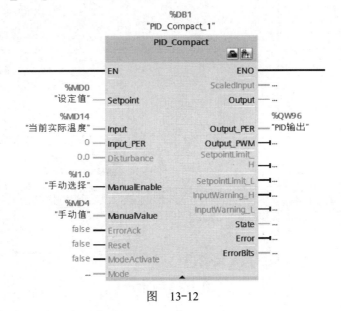

图 13-12

8）在项目中选择"工艺对象"，选择 PID 控制可以在线监视及进行手动调试，如图 13-13 所示。

9）右击"PID_Compact_2[DB2]"从弹出的右键菜单中选择"右击，打开 DB 编辑器"，如图 13-14 所示。对初始值及 PID 参数进行设置，如图 13-15 所示。PID 运算参数在"Retain"内设定，如图 13-16 所示。手动调节时，先比例，再积分，最后微分。

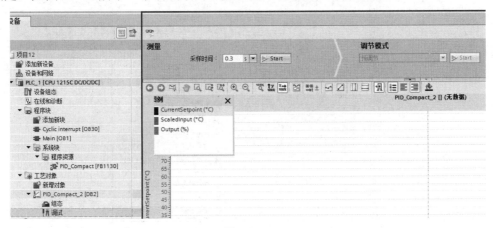

图 13-13

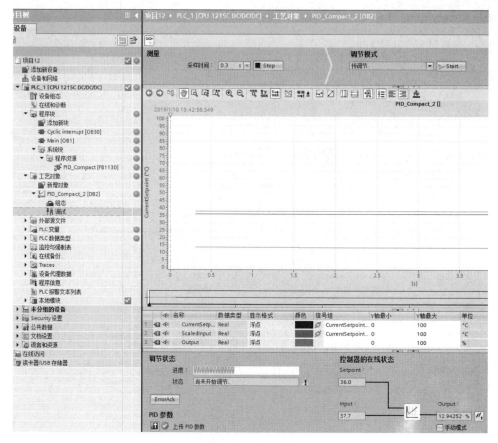

图　13-13（续）

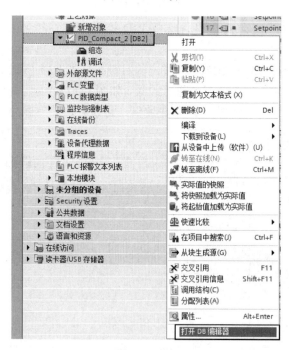

图　13-14

PID_Compact_2（创建的快照：2019/1/10 15:41:04）

	名称	数据类型	起始值	监视值	保持	可从 HMI/...	从 H...
	Input_PER	Int	0	0	☐	☑	☑
	Disturbance	Real	0.0	0.0	☐	☑	☑
	ManualEnable	Bool	false	FALSE	☐	☑	☑
	ManualValue	Real	0.0	0.0	☐	☑	☑
	ErrorAck	Bool	false	FALSE	☐	☑	☑
	Reset	Bool	false	FALSE	☐	☑	☑
0	ModeActivate	Bool	false	FALSE	☐	☑	☑
1	▼ Output				☐	☐	☐
2	ScaledInput	Real	0.0	37.1	☐	☑	☐
3	Output	Real	0.0	5.620013	☐	☑	☐
4	Output_PER	Int	0	1554	☐	☑	☐
5	Output_PWM	Bool	false	FALSE	☐	☑	☐
6	SetpointLimit_H	Bool	false	FALSE	☐	☑	☐
7	SetpointLimit_L	Bool	false	FALSE	☐	☑	☐
8	InputWarning_H	Bool	false	FALSE	☐	☑	☐
9	InputWarning_L	Bool	false	FALSE	☐	☑	☐
0	State	Int	0	3	☐	☑	☐
1	Error	Bool	false	FALSE	☐	☑	☐
2	ErrorBits	DWord	16#0	16#0000_0000	☑	☑	☐
3	▼ InOut				☐	☐	☐
4	Mode	Int	3	3	☑	☑	☑
5	▼ Static				☐	☐	☐
6	InternalDiagnostic	DWord	0	16#0000_0000	☐	☐	☐
7	InternalVersion	DWord	DW#16#0203000	16#0203_0003	☐	☑	☐
8	InternalRTVersion	DWord	0	16#0203_0002	☐	☐	☐
9	IntegralResetMode	Int	4	4	☐	☑	☑
0	OverwriteInitialOutpu...	Real	0.0	0.0	☐	☑	☑
1	RunModeByStartup	Bool	true	TRUE	☐	☑	☑
2	LoadBackUp	Bool	false	FALSE	☐	☑	☑

图　13-15

	名称	数据类型	起始值						注释
	▼ Retain	PID_CompactRetain		☑	☑	☑	☑	☐	retain data
	▼ CtrlParams	PID_CompactContr...		☑	☑	☑	☑	☐	actual parameter set
	Gain	Real	1.0	☑	☑	☑	☑	☑	proportional gain
	Ti	Real	20.0	☑	☑	☑	☑	☑	reset time
	Td	Real	0.0	☑	☑	☑	☑	☑	derivative time
	TdFiltRatio	Real	0.2	☑	☑	☑	☑	☑	filter coefficient for derivative part
	PWeighting	Real	1.0	☑	☑	☑	☑	☑	weigthing of proportional part in direct, feedba
	DWeighting	Real	1.0	☑	☑	☑	☑	☑	weigthing of derivative part in direct, feedback
	Cycle	Real	1.0	☑	☑	☑	☑	☑	PID Controller cycle time

图　13-16

第14章　SIMATIC S7-1200 触摸屏组态与仿真

14.1　SIMATIC S7-1200 触摸屏组态

SIMATIC S7-1200 软件不仅适用于 PLC 的编程，而且可用于触摸屏和 PC 的组态，除此之外在没有实际硬件的前提下还可用该软件进行在线仿真测试。

1）新建项目分别添加 PLC 和触摸屏，如图 14-1 所示。

2）在添加触摸屏时，选择"浏览"添加 PLC，如图 14-2 所示，使"HMI_1"和"PLC_1"建立连接。

图　14-1

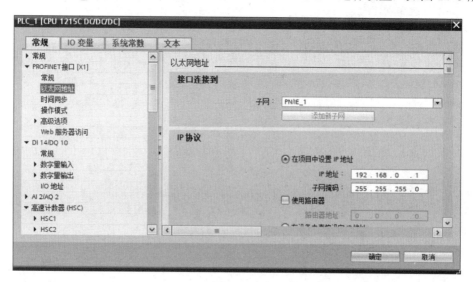

图　14-2

3）双击"PLC_1"打开 CPU 属性，对 CPU 的"IP 地址"进行设置，如图 14-3 所示。

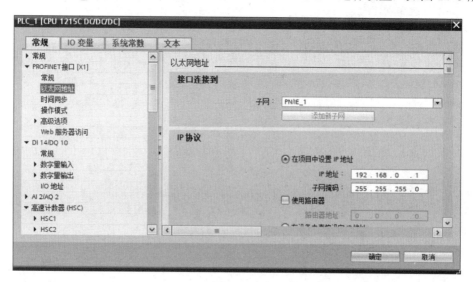

图　14-3

4）双击"HMI_1"打开触摸屏属性，对触摸屏的"IP 地址"进行设置，需要注意的是，在设置时要保证 PLC 和 HMI 在同一个网段，如图 14-4 所示。

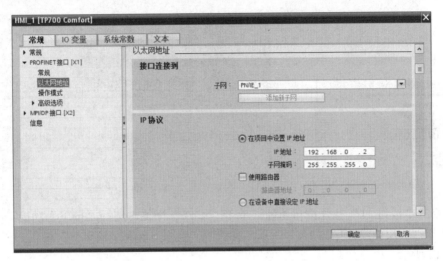

图　14-4

5）打开"PLC_1"，选择"设备组态"，在"网络视图"中查看连接状态，如图 14-5 所示。

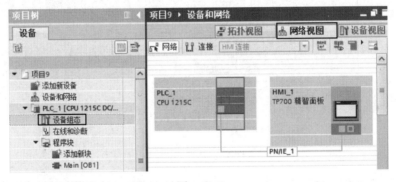

图　14-5

14.2　SIMATIC S7-1200 触摸屏和 PLC 程序编写

在 PLC 中写入点动程序，在触摸屏上做一个按钮，用来控制程序的启停。

1）PLC 程序如图 14-6 所示，分别建立变量"M10.0"为"启动"，"Q0.0"为"电机"。

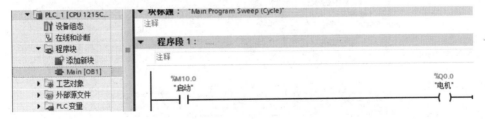

图　14-6

2）在触摸屏"画面"中选择"添加新画面"，如图 14-7 所示。

3）在新建的画面中进行按钮和指示灯的组态，如图 14-8 所示。

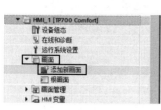

图　14-7　　　　　　　　　　　　　　　　　　图　14-8

4）双击"按钮_1"打开按钮属性，单击"事件"标签，选择"按下"功能，在"编辑位"中选择"取反位"，如图 14-9 所示，并选择"变量（输入/输出）"关联 PLC 中变量，如图 14-10 所示。

图　14-9

图　14-10

5）双击"指示灯"打开指示灯属性，单击"动画"标签，选择"动态化颜色和闪烁"，如图 14-11 所示。在"外观"参数中，单击"变量"中按钮关联 PLC 变量电机，当变量为"0"时，"背景色"呈现红色；当变量为"1"时，"背景色"呈现绿色，如图 14-12 所示。

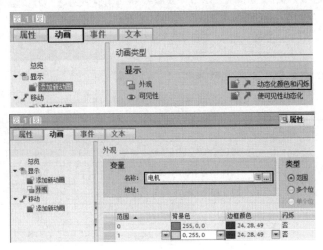

图　14-12

6）选择 PLC 后，单击按钮启动仿真，如图 14-13 所示。

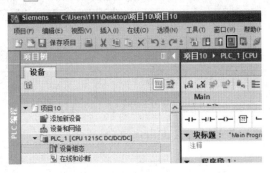

图　14-13

7）同样将 HMI 也启用仿真进行程序测试：右击"画面_1"，在弹出的右键菜单中选择"定义为起始画面"，然后选择"启动仿真"，如图 14-14 所示。进行程序测试时，用户可以通过触摸屏来控制 PLC 程序的启停。

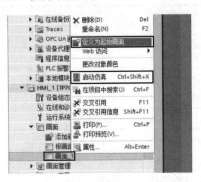

图　14-14

附录 SIMATIC S7-1200 模块订货号及含义

1. PLC CPU 的订货号及含义见附表1。

附表 1

类型		描述	订货号
CPU	CPU 1211C	1211 CPU AC/DC/Riy	6ES7 211-1BE40-0XB0
		1211 CPU DC/DC/DC	6ES7 211-1AE40-0XB0
		1211 CPU DC/DC/Riy	6ES7 211-1HE40-0XB0
	CPU 1212C	1212 CPU AC/DC/Riy	6ES7 212-1BE40-0XB0
		1212 CPU DC/DC/DC	6ES7 212-1AE40-0XB0
		1212 CPU DC/DC/Riy	6ES7 212-1HE40-0XB0
	CPU 1214C	1214 CPU AC/DC/Riy	6ES7 214-1BG40-0XB0
		1214 CPU DC/DC/DC	6ES7 214-1AG40-0XB0
		1214 CPU DC/DC/Riy	6ES7 214-1HG40-0XB0
	CPU 1215C	1215 CPU AC/DC/Riy	6ES7 215-1BG40-0XB0
		1215 CPU DC/DC/DC	6ES7 215-1AG40-0XB0
		1215 CPU DC/DC/Riy	6ES7 215-1HG40-0XB0
	CPU 1217C	1217 CPU DC/DC/DC	6ES7 217-1AG40-0XB0

2. 数字量扩展模块的订货号及含义见附表2。

附表 2

类型		描述	订货号
数字量扩展模块	SM 1221	8×DC 24 V 输入	6ES7 221-1BF32-0XB0
		16×DC 24 V 输入	6ES7 221-1BH32-0XB0
	SM 1222	8× 继电器输出	6ES7 222-1HF32-0XB0
		8× 继电器双态输出	6ES7 222-1XF32-0XB0
		8×DC 24 V 输出	6ES7 222-1BF32-0XB0
		16× 继电器输出	6ES7 222-1HH32-0XB0
		16×DC 24 V 输出	6ES7 222-1BH32-0XB0
	SM 1223	8×DC 24 V 输入 /8× 继电器输出	6ES7 223-1PH32-0XB0
		8×DC 24 V 输入 /8×DC 24 V 输出	6ES7 223-1BH32-0XB0
		16×DC 24 V 输入 /16× 继电器输出	6ES7 223-1PL32-0XB0
		16×DC 24 V 输入 /16×DC 24 V 输出	6ES7 223-1BL32-0XB0
		8×AC 120/230 V 输入 /8× 继电器输出	6ES7 223-1QH32-0XB0

3. 模拟量扩展模块的订货号及含义见附表3。

附表 3

类型		描述	订货号
模拟量扩展模块	SM 1231	4×13 位模拟量输入	6ES7 231-4HD32-0XB0
	SM 1231	8×13 位模拟量输入	6ES7 231-4HF32-0XB0
	SM 1231	4×16 位热电阻模拟量输入	6ES7 231-5ND32-0XB0
	SM 1231	4×16 位热电阻模拟量输入	6ES7 231-5PD32-0XB0
	SM 1231	4×16 位热电偶模拟量输入	6ES7 231-5QD32-0XB0
	SM 1231	8×16 位热电阻模拟量输入	6ES7 231-5PF32-0XB0
	SM 1231	8×16 位热电偶模拟量输入	6ES7 231-5QF32-0XB0
	SM 1232	2×14 位模拟量输出	6ES7 232-4HB32-0XB0
	SM 1232	4×14 位模拟量输出	6ES7 232-4HD32-0XB0
	SM 1234	4×13 位模拟量输入 /2×14 位模拟量输出	6ES7 234-4HE32-0XB0

4. 信号板数字量和模拟量扩展模块的订货号及含义见附表4。

附表 4

类型		描述	订货号
信号板数字量扩展模块	SB 1221	DC 200 kHz，4×DC 24 V 输入	
		DC 200 kHz，4×DC 5 V 输入	
	SB 1222	DC 200 kHz，4×DC 24 V 输出，0.1A	
		DC 200 kHz，4×DC 5 V 输出，0.1A	
	SB 1223	2×DC 24 V 输入 /2×DC 24 V 输出	
		DC/DC 200 kHz，2×DC 24 V 输入 /2×DC 24 V 输出，0.1A	
		DC/DC 200 kHz，2×DC 5 V 输入 /2×DC 5 V 输出，0.1A	
信号板模拟量扩展模块	SB 1231	1×12 位模拟量输入	6ES7 231-4HA30-0XB0
		1×16 位热电阻模拟量输入	6ES7 231-5PA30-0XB0
		1×16 位热电偶模拟量输入	6ES7 231-5QA30-0XB0
	SB 1232	1×12 位模拟量输出	6ES7 232-4HA30-0XB0

5. 通信扩展模块和 TS 模块的订货号及含义见附表 5。

附表 5

类型	描述		订货号
通信扩展模块 / 通信板	CM 1278	4×I/O Link Master	6ES7 278-4BD32-0XB0
	CM 1241	RS485/422	6ES7 241-1CH32-0XB0
	CM 1241	RS232	6ES7 241-1AH32-0XB0
	CM 1243-5	PROFIBUS DP 主站模块	6GK7 243-5DX30-0XB0
	CM 1242-5	PROFIBUS DP 从站模块	6GK7 242-5DX30-0XB0
	CP 1242-7	GPRS 模块	6GK7 242-7KX30-0XB0
	CB 1241	RS485	6ES7 241-1CH30-1XB0
TS 模块	TS Adapter IE Basic		6ES7 972-0EB00-0XA0
	TS Module Modem		6ES7 972-0MM00-0XA0
	TS Module ISDN		6ES7 972-0MD00-0XA0
	TS Module RS232		6ES7 972-0MS00-0XA0

6. HMI 及其他硬件订货号及含义见附表 6。

附表 6

类型	描述	订货号
新一代精简面板	KTP400 PN 4.3in[①]显示，64K 色，4 个功能键，以太网接口	6AV2123-2DB03-0AX0
	KTP700 DP 7in[①]显示，64K 色，8 个功能键，PROFIBUS DP/MPI 接口	6AV2123-2GA03-0AX0
	KTP700 PN 7in[①]显示，64K 色，8 个功能键，以太网接口	6AV2123-2GB03-0AX0
	KTP900 PN 9in[①]显示，64K 色，8 个功能键，以太网接口	6AV2123-2JB03-0AX0
	KTP1200 DP 12in[①]显示，64K 色，10 个功能键，PROFIBUS DP/MPI 接口	6AV2123-2MA03-0AX0
	KTP1200 PN 12in[①]显示，64K 色，10 个功能键，以太网接口	6AV2123-2MB03-0AX0
其他硬件	电源模块 PM 1207 2.5A	6EP1 332-1SH71
	I/O 扩展电缆，2m	6ES7 290-6AA30-0XA0
	SIMATIC S7-1200 电池板	6ES7 297-0AX30-0XA0
	SIMATIC/SINAMICS V60 接线电缆	6ES7 298-2DS23-0XA0
	以太网交换机 -4 端口模块 CSM 1277	6GK7 277-1AA10-0XA0

① 1in = 0.0254m。